爱女装

女装品鉴和购买指南

〔美〕杰米·阿姆斯特朗（Jemi Armstrong） 琳达·艾偌兹（Linda Arroz）著

邵立荣 译

山东画报出版社

目　录
Contents

前　言

　　服装在我们心中总是占有重要位置，那是因为服装是人身份的象征，人们总喜欢将服装与时间、地点、生活方式、电影及过往的年代联系在一起。闭上双眼，冥想电影《蒂凡尼的早餐》或《风流记者》中的剧情细节，脑海中瞬间浮现出一位手持烟斗的纤纤女子，她体态轻盈、楚腰纤细、身姿曼妙……魅力无人可挡。凭借自身的非凡魅力与个性十足的时装打扮，奥黛丽·赫本和劳拉·巴考尔成为令人称奇的绝世女子，因此，人们总是将这两位传奇佳人与著名服装设计师休伯特德·纪梵希和海伦·罗斯相提并论，与20世纪50年代至60年代初那个风华卓绝的时代紧密相连，仿佛这一切都充满了传奇色彩，神秘斑斓，引人遐想。服装因女人而生，女人因服装而美，是服装缔造了优雅美丽的女人，更是女人演绎出服装的光彩夺目。耳濡目染之下，无论是时装还是成衣服装，那种淋漓尽致的完美设计，让我们瞬间感受到赫本和巴考尔所散发出的时尚与自信，更让我们坚信一切梦想都将会变得触手可及。

　　追求时尚的方式并非仅有购衣，服装设计师还可以通过画廊展览、国际巡展与虚拟展示等，将完美设计与艺术传奇散布于世界各地的博物馆。此外，拍卖行还可进行服装艺术招标，这更是体现出服装的艺术化。

真正的目的不是购买，而是旅行。当你探究早期盛行服装或谈论现代时尚服装时，请切记这并不是无聊之举；无论是进店参观，还是访问官方网站或博客，都将在某种程度上提升你的欣赏品位。你若拥有足够的时间（而非紧急性购买），那就应该"建立"你的个人衣柜。一位成功的服装收藏者往往会说："我再也不需要任何服装了。"为使满足感与成就感不断扩大化，为表达对服装的喜爱之情，人们通常将香料放入衣柜，使服装浸润于芳香的海洋。对于服装的灵感或许是源自博物馆、杂志、电影、商店，甚至仅是一面镜子，总之，灵感与创造无处不在，无刻不存。我们希望本书能在服装购买及收藏方面对您起到指导性作用，同时我们也坚信，这种理念将会让您深受裨益，享用终生！

忆往昔，看今朝

01

当我梦想将艺术融入服装时，我是不是很愚蠢？

当我认为服装设计是一门艺术时，我是不是很愚蠢？

——服装设计师保罗·波烈（《人生第一个五十年》）

纽约大都会服装馆馆长哈罗德·柯达在2004年的一篇关于高级时装的论文中写道："时装是时尚的结晶，是时尚的载体，将新奇思想、个人需求、社会需求及习俗融为一体，主要体现于服装与配饰的定制艺术、裁剪艺术以及工艺品塑成艺术。"

是时尚还是艺术？

20世纪之交，贸易与技艺并存，为一战前后的矛盾冲突与重现辉煌奠定了基础。先进的设计水平与工业技术推动服装行业逐步走向艺术化道路，也使得服装日益普及，从此，人们开始将感知时尚作为一种隐喻，因为这能使人更好地理解服装对世界的影响。工业逐渐取代原始的手工业，这意味着一场具有深远意义的社会大变革即将来临。

　　在时尚与设计的历史长河中，唯有富贵之人才会拥有奢侈独特之物。而如今，同版设计可以复制，足以使大众拥有。艺术与商业的迎合导致了一场突如其来的竞争性摩擦，一场短暂的艺术改革也随之沓来，如今这依然是人们津津乐道的话题。

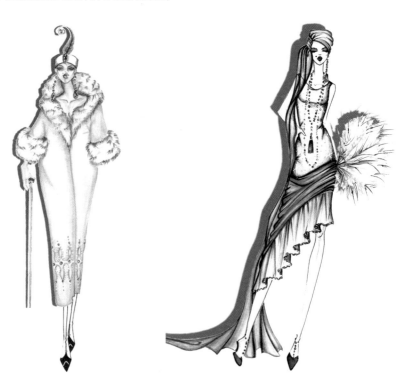

1911年缪斯·蒂妮斯·波烈推出的歌剧风格外套，波烈夫人身穿多款服装的摄影照片被刊登于时尚杂志上，被人们称为"时尚女主角"。由此引得保罗·波烈对戏剧化服装产生了更为浓厚的兴趣，使他更加专注于将艺术、戏剧、时尚融为一体的个性化服装设计。

20世纪30年代初期，法国著名服装设计师郎万、香奈儿和薇欧奈推出了束腰型奢华褶边连衣裙，并向女性推荐使用眼影，使眼睛变得炯炯有神，还倡导女性说简单俚语。这种现象引发一位记者说道："我们生活在'迷你'时代，一切都将会变得简洁精短，如短裙、简介和简名等等。"

　　为迎合日益复杂的世界，保罗·波烈推出了价格相对廉价的新版服装，被称为"真正的复制品"。然而，无论波烈的那些奢华礼服对于当时的年代来讲是何等的完美，终将被优雅别致、性感奔放的可可·香奈儿服装所取代。世界首位采用装配线概念投入生产的企业家亨利·福特出现后，香奈儿礼服也被称为"福特主义"服装。这种风格颇为顺应当时的时代潮流，因为当时的女性对简洁大方的服装甚是推崇。在令人发醒的第一次世界大战之后，香奈儿服装设计更为艺术化，愈发精美别致。战后，女人、时装及技术成为推动时装业发展与社会发展的主动力。

让·保罗·高缇耶宣称："我造的不是艺术，而是服装。"但大多数人都不赞成这种说法，让·保罗·高缇耶的处女作"维尔京"春夏服装系列于2007年推出，该高级时装系列凝结了伟大的艺术精华，彰显了传奇的时装魅力，将服装与艺术完美地融为一体。好像越是具有争论性的元素越能创缔造出伟大的成就。儿时的让·保罗·高缇耶喜欢提出一些离奇古怪的问题，也许这就是所谓的"天才"吧。

> 香奈儿服装被冠以
> "福特"风格的雅号

设计师与神师

19世纪末20世纪初，时装设计师鲜为人知，因为他们大多服务于豪门贵族。作为一项审美艺术，（服装生产所需要的）体力劳动者取代了艺术家的位置，因此，欲得华贵之气实属不易，工人花费大量时间缝制而成的服装展现不出任何的艺术气息，反而略显庸俗。这种早期艰苦的服装碎片缝纫方式极为低级，即使制作出款式惊艳的服装，那也是难得的＂工艺＂竞技。而今，摒弃了传统的服装裁剪方式，将服装提升至神圣的艺术层次，就意味着在定制高级服装时不容许出现任何差错，因为艺术容不得半丝瑕疵。

著名的时尚历史学家、教育家洛丽·伊瓦斯认为，对于时装应具备合理的鉴赏水平，正如许多传统的艺术评论家所坚持的＂服装的价值不在于其表面＂。洛丽认为，自从戴安娜·弗里兰将雅致的时尚感带到大都会艺术博物馆，蒂芙尼·杜宾将典雅的时尚感带进苏富比拍卖行的那一刻起，时装就作为一种艺术展现于世人面前，被列为精细工艺的精英行列。

如今，我们能够真正地理解服装的创造历程，然而，那些神仙般的服装设计师面对误解与偏见依然执著坚持。现实主义的裁缝师与幻想主义的艺术家是很难达成协作的，或许这就是为何时装会历经如此长久的时间才被认可为一门艺术，才能够被博物馆列为重点收藏的原因所在吧。又或许与纺织品瞬态、易腐的天性有关，究竟有多少光辉灿烂的创造历程匿迹于时光隧道呢？

　　有人意识到了服装裁制的困境，简单随意，却要保留它惯有的本质特性——艺术与技艺的融会贯通。这种困境不断促使我们需要将服装加以分门别类。着眼于艺术观，我们能欣赏到真正的价值与美丽，例如早期的沃斯礼服。显然，这样的服装优雅别致，极具艺术性，所以被视为艺术品当之无愧。

克里斯托瓦尔·巴黎世家在1958年设计的一款泡状鸡尾连衣裙，这种泡状款式于2007年再度盛行。巴黎世家凭借独特的创新与完美的技艺被称为"时尚预言家"。

历史服装定义

法国高级时装公会成立于1868年。这个法国联盟由三部分组成：

1.高级时装协会

2.高级男装协会　（1973年成立）

3.高级成衣服装设计师协会（1973年成立）

法国联盟还有自己的时尚学校——巴黎服装工会学校，创建于1928年，这一组织主要是用来控制、推广以及宣传法国的时尚公司，负责确

阿利克斯（就是后来为人所知的格蕾丝夫人）于1931年设计的一款丝绸长裙，是一款束身型礼服。《时尚杂志》对此款礼服的精致外观给出了极高的评价。时装编辑写道：“女性本应该身穿时装淋漓尽致地‘展现出自己的娇美身姿与曼妙气质’。”

定法国时尚周的举办时间以及地点。它还制定了行业质量标准以及高级时装的专有词汇。

　　早期的时装店，如沃斯、薇欧奈、朗万、波烈等等，最早是专为富人定制服装而开设的。而那些以昂贵奢华的布料裁剪而成的高级服饰更是针对个体客户，因为那些用于制作独特服饰的名贵装饰物需要历时

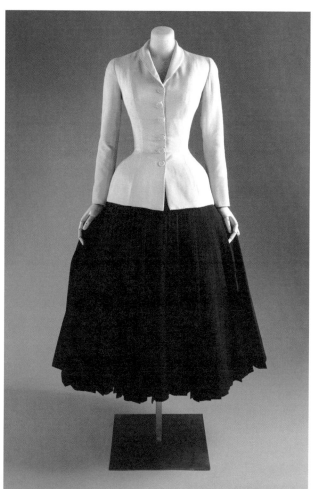

克里斯汀·迪奥在1947年推出的被称为"束腰套装"的"新风貌"系列套装，在选择性转售商店里可寻得此款经济型套装的踪影。

弥久才能形成。查尔斯·夫莱戴里克·沃斯堪称〝高级时装之父〞，然而，第一位划分〝生活时尚〞并为大众消费者提供小小奢侈品的人则是保罗·波烈。一位女士即使无法拥有真正的原版设计套装，也会拥有此款修改版或附带装饰物。高级时装总被高级时装协会定义为最具有深远意义的制衣艺术。如今，〝时装〞一词仍处于无休的争论中。在不同的国家中，时装的蕴意也有所不同；有时也因服装设计师的风格不一而多元化。高级时装有着严格的衡量标准，需要高级时装协会的成员们去维持。时装工作室由两大部门组成：设计部门与裁制部门。在设计师和店员的监督下，熟练的工人在裁制服装的过程中，同时也铸造了艺术。卷边设计与褶式设计被采用，个性装饰品也成为服装的重要元素。

根据生产间的制作过程，先是拟定一张设计草图，再是布料裁剪，然后是服装成型。裁缝师根据大众的不同体型裁制不同型号和大小的服装，以满足每一位消费者的需求，这是服装价值不可或缺的一部分。

〝

一位女士即使无法拥有服装设计师真正的原版设计套装，也会拥有此款修改版或附带装饰物。

　　法国也形成了高级服装联盟组织，是高级服装协会定义高级时装的标准。而如今，许多设计师已对时装定义不太严谨。这个定义有时会被用来描述那些专业定制、华贵时尚的独特服饰，但这并不意味着那就是时装。显然，〝时装〞一词荟萃艺术精华，彰显服装传奇，寓意深刻，意义深远。〝时装〞一词蕴含着浓厚的艺术气息，若将服装提升至时装层次，绝非是一朝一夕之功，那是服装设计师奉献多年心血，历经艰辛磨炼的结晶。

20世纪60年代，安德烈·库雷热设计了部分最有纪念意义的迷你连衣裙，此款连衣裙采用合理的裁剪比例和均衡感，将服装风格与现实生活美妙地融为一体。

连衣裙的幻想

　　设计师们纷纷效仿可可·香奈儿和巴纳姆的设计风格。名人效应促成了网络名人圈，这种趋势足以引领大众走上时尚之路。奢侈华贵的时装秀旨在提高服装的知名度，从而提升利益，将时尚与演绎相融合。届时名人、客户及时尚编辑会参加这些奢侈的时装秀，而公众亦可以通过互联网即时访问、追踪。若想博得大众眼球，当然离不开引人入胜的时尚服装及惊艳四座的大型规模。设计师们会把握这一机遇，通过别致的展览，将精妙绝伦的面料与完美至臻的设计巧妙地结合起来，以高尚的艺术价值吸引外界。当然，并非所有的设计师都会通过时装秀来宣传他们的服装。一般而言，意大利与纽约的设计师更倾向于功能型服装。那些“幻想主义”

“幻想主义”服装具有“镁光灯”效应，该系列服装的设计风格具有戏剧性和实验性，这些颇具时尚魅力的设计灵感源于广泛的社会影响，包括历史图标、企业文化和艺术活动等等。

风格的服装虽在展台上光彩夺目，但在实际生活中缺乏实用性。它们只不过是获取利益的试验品和促销品而已，并不被视为价值品。然而，对于公众而言能够精准地把握这些微妙的概念实属不易，所以往往会导致大众对设计师及时装概念存在些许误解。

　　时装秀，展示了最新的服装系列，彰显了时装设计师对特定季节的新观点，造就了一套崭新独特的服装系列。再版服装及成衣服装系列目的在于为大众提供经济型服装，此类服装将会终结百货商店及精品店的时代。随着服装构造及加工定制的调整变化，服装市场愈加大众化，价格也随之下降，这是基本的经济模式。然而，近期高级时装的变化速度日渐加快。全球电视播报：据预计，订制英格兰女王凯特·米德尔顿的同款婚纱，在中国工厂制作只需一周到十天内即可完成，这就是所谓的"巴黎皮奥里亚效应"。

一款盛行于20世纪80年代的华伦天奴晚礼服，简单优雅的圆点设计尽显个性时尚，此款晚礼服彰显出国际女装设计师的顶尖设计水平与艺术造诣，《国际先驱论坛报》曾写道："能拥有华伦天奴是法国的极大荣幸。"

在30年代至40年代间，好莱坞明星与他们的专业服装设计师曾一度引领潮流风尚，引得女性纷纷仿效。美乐蒂（Jean Louis）为丽塔·海华斯设计了著名的"吉尔达"连衣裙，此款连衣裙一推出就畅销无比；同样，在1932年，艾德里为琼·克劳馥设计了"安莱蒂莱特纳"（Letty Lynton）连衣裙，此款连衣裙在梅西百货公司甚是畅销，全国销售数量超过50万件。

共济会会员的联络信号

"三宅一生"夹克衫，精致朴素，极具戏剧性，荟萃艺术风韵，象征时尚个性，具有深远的影响力，博得广大女性的青睐与厚爱。它是一种秘密形式——最初的设置。此款编码型服装说："我是沿海智能设置或国际智能设置之一。"它彰显出一个人的收入水平、内在涵养及品味，是象征社会地位的无形商品。在形式上有点类似于中世纪的共济会会员由一个村子旅行至另一个村子所使用的神秘信号，这有助于其

"三宅一生"系列服装的品牌标签都印于服装褶边内，这体现出该品牌的低调与精致，几何型褶式设计诠释了该服装的款式。

他会员甄别对方是否是"同派人员"，然后给予认可接受，提供工资和住宿。如今，时装依然是社会地位的象征，但它不再仅限于那些知识分子和贵族女性，而是面向大众客户，使服装市场得以扩大，时装得以普及。早期时代，普通人若想得到这些时装，需要费尽一番周折才能实现，而且那时的时装对穿戴者的身份也有一定的要求，因此，贵族阶级占了很大比例。曾有一段时期，大多数女性渴望得到温暖而低调的服装，这让我们联想到早期时代仅少数人拥有的奢华服装，然而，那个时代已经不复存在了，如今，优质高雅的时装处处皆是，上等的高级时装，只要有心人乐于寻找，就一定能够得到，因为时装本就是所有女性的触手可及之物。

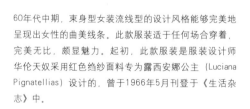

60年代中期，束身型女装流线型的设计风格能够完美地呈现出女性的曲美线条。此款服装适于任何场合穿着，完美无比，颇显魅力。起初，此款服装是服装设计师华伦天奴采用红色绉纱面料专为露西安娜公主（Luciana Pignatellias）设计的，曾于1966年5月刊登于《生活杂志》中。

该套装为巴黎世家的创新作品，自时装出现之后，巴黎世家就是首屈一指的时装主宰者与技艺领航者。克里斯托瓦尔·巴黎世家的时装王国到20世纪60年代末期日渐衰败，原因在于其款式庸俗过时，毫无创新意识，不符合当代女性的审美观，得不到广泛女性的大力支持，巴黎世家时装屋最终于1968年倒闭。当时巴黎世家所有的工作人员事先都未曾获悉这一信息；他们是通过媒体报道才得知这一噩耗。克里斯托瓦尔·巴黎世家于1972年去世，近40年后，我们对巴黎世家的流线型设计概念有了一个更加深层的理解。

行动前须知

02

我喜欢将我的钱放在触目可及的地方——挂在我的衣柜里。

——坎迪斯·布什内尔（HBO电视剧《欲望城市》）

如果你已经决定通过寻求炫彩夺目的时装来提升你的衣柜档次，亦或是你已经拥有一两件时装，无论如何，深层了解设计师及他们所设计的服装是一种明智之举。

开始：前期工作

在你准备投资你的衣柜之前，一定要作好充分的相关调查。参观时装秀则是一次极为有价值的经历，因为那样你能够近距离感受时装。但在现实生活中，那虚拟的世界根本无法创造真实感，因为巴黎、米兰、纽约和东京的时装图片均是实时直播。在某个季节到来之前，都可在网上找到所有时装的详细介绍，了解设计师的新颖观点；此外，我们还可以亲自去服装专售店，亲身感受时装的魅力，仅仅一本《学习指南》就

足以使我们深层了解到时装发展的来龙去脉，这对我们的前期调查极为有利。访问以下网站，可以详细地了解到世界各地设计师所设计的时装及成衣服装系列：

· 第一视角（www.firstview.com）

· 流行风（www.style.com）

· 时尚网（www.vogue.com）

· 纽约杂志（www.nymag.com）

图书馆、书店和网上商城均有设计师的详细介绍及时装简介，时装字典汇编、博物馆时装秀出版物和纪录片也都提供了这些天才艺术家的历史背景。他们同他们的时装一样具有魅力，光彩迷人。网上搜索设计师访谈

迪奥套装系列

不仅可以直观感受他们的性格魅力，还可以洞悉他们的独特个性及创新视角。例如，伊夫·圣洛朗与马克·雅可布的采访片段都可以直接点击收看。除了了解时装设计师的个人历史之外，对服装结构的了解也尤为重要，因为它们是服装质量与成本的直接影响因素。

你若卖，它就在

销售奢侈品及打折商品的专售店处处皆是，了解不同类型的商店是至关重要的，唯有如此，才能使我们的议价得到他人的认同与赞赏。以下就是专门生产及供应折扣奢侈品的商店明细表：

设计师转售店

设计师转售店旨在销售各类轻微磨损的高级时装品牌及配件，这些商品仅是原始成本的一小部分，服装在上架之前均被清洗和评估过。大多数商店都属于独立个体店，所以商品价格也相对灵活。所售服装一般都是过季装，多数商店会向客户提供本季服装价格表，上面注有本季服装的相应定价。

设计师服装专卖店

设计师服装专卖店可直接从生产商那里购货，他们可以直接联系厂家。即使商品是全新的，但可能会存在一些缺陷，即所谓的"残次品"。这些商品大多属于退品，例如会存在裁剪过度或轻微损坏等问题。

非合格性设计师商店

非合格性设计师商店在规模上类似于专卖店，但这些商店专售轻度损坏的折扣品，通常情况下，这些缺陷均不太明显，并不是每一位消费者都介意的问题（例如：尺码错标，纽扣不规整）。

旧货店

旧货店在技术上被定为超过25年的店。然而，涉及到服装及配饰，它指的是所有旧货品。在旧货店，你不仅能够发现伟大设计师的经典之作，还能够领略非凡的艺术风格。这些商品通常具有广泛多样性和普遍大众性。在旧货店里，你可以毫无顾忌地淘宝，精益求精，优中选优。第七章《城市购物指南》中提供了许多关于旧货品的宝贵信息。

慈善机构和二手店

慈善机构和二手店通常与专门的慈善机构相关，旨在提供各种各样的旧服装和配饰。他们接受免税捐赠品，并将其回馈给社会。在美国官方慈善机构的支持下，在这些商店里所购买的商品均属于免税品，尽管在其他国家并不可行。因为税收编码会经常发生变化，所以我们需要登录财务网或税务网进行检验核实。随着所捐赠的高端产品数量的不断增加，在富裕的社区我们会发现越来越多的能够议价的二手商店。

标签、车库、草坪拍卖或搬家大拍卖

这些地方均不是实际的零售场所，但可以在有限的空间内进行交易。目前，这种销售方式正逐步专业化、规模化。因为新兴的车库销售模式的出现，使当地广告变得实际有效，使非现金支付方式变得现实可行。商品毕竟具有商业性，所以在挑选时要慎重查看，因为它们通常没有追索权，对于劣质物品不予退还。

资产拍卖

这是一种更为专业、更具规模性的传统车库或标签销售模式。个体客户或企业公司对于欲出售的产品进行评估定价，企图从中赚取佣金。有时这些销售评估可以延期数天，不时还有更多令人垂涎的货品申报上架。

织　物

所谓名牌服装，就是采用优质面料及个性十足的褶式设计，外加完美的整体结构和精湛的裁剪水平。在旧时服装上寻找含有天然纤维（羊

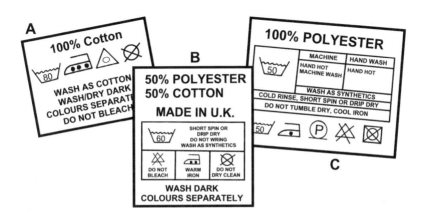

毛、丝、棉、麻）成分的标签是极为困难的。美国于1939年通过《羊毛产品标签法案》，但直到1958年底才通过了《纺织纤维产品识别法案》，使广泛使用的织物得以普及。欧盟也有类似的法律规定，要求衣服标签要标明纤维含量。你会发现在20世纪前半期，几乎所有服装包括服装内衬的成分都是天然纤维，有时仅凭手感就能辨别是非。纺织行业即指〝织物〞，用手就能够感受到其面料的成分，如棉制品穿起来会非常清爽，羊毛制品的质地比较柔软，而丝会让人感觉干燥且有黏性。

　　就大部分服装而言，在20世纪60年代之前并未采用合成纤维材质。如果你的衣柜里多了一件克莱尔·麦卡德尔套头外套或迪奥时尚女装，

那你就必须依靠手感和视觉来鉴别服装的材质。但至少有一点是统一的，那就是都含有天然纤维。如果是羊毛材质，那一定要检查是否有蛀虫毁坏的迹象，此外，也要检查后衣领、领口边缘和腋下接缝处，因为这些地方极有可能会由于汗水或磨损而导致纤维损坏。采用合成纤维或许无法真正弥补这一缺陷，但至少在一定程度上降低了服装的磨损度。

雷内设计的一张杰奎斯·菲斯晚礼服的示意图。

结　构

你不能仅凭一本书的封面设计来判断其价值，更不能仅凭外观来判断其材质。内在价值才是重中之重。《时尚杂志》的特约编辑安德烈·莱昂·塔利曾经说过，当一款时装礼服现于展台时，他总是想象其材质与设计是何等的精致。服装的外观与内质同等重要，如今许多博物馆的服

保罗·高缇耶设计的一精致高雅的夹克衫。

装展览都设有透明式展览模式，人们能够一览无余地看到其内衬结构。

以全视角审视服装，才能领略其真正价值。著名的美国设计师詹姆斯·加拉诺斯身怀绝妙的裁剪技术，采用优质布料，他极为重视整体结构效果，对服装的整体设计精益求精，正是因为他的这种敬业精神，才使他成为法国时装与美国成衣的联结者。拉尔夫·鲁奇是继梅因布彻之后的第一位美国成衣服装设计师，曾受到过高级时装机构的诚挚邀请。

备忘录：服装构造细节

· 将服装彻底地由内而外翻过来。

· 寻找服装修改的明显标志，如褶皱、未缝合及稍加修缮之处。

· 寻找褶边缝头处的标签，检查纤维含量，衣服内衬或许会惯于采用硬质布料，以使衣服与人体保持分离。香奈儿套装习惯于将金色链子附在夹克边缘，确保服装的光滑度，连衣裙和短裙也通常附带装饰性饰品。

· 检查缝合线和刀线。在服装构造中，这些饰品不仅能够提升服装的稳固性，而且还能够提

升服装的外观光滑度。服装设计在某些地方有很多这种缝合的部位，如腋下、胸部及腰部，添加很多这样合适的缝合线以达到完美的合身效果。缝头边缘通常采用巧妙外观的滚条设计，以防止纤维脱落。

· 研究附加层的构造，一件合身的夹克或女装在成型之前可能都是有关联的，老式法兰绒衣服上的补丁通常具有保暖效果。一件酒会礼服（正式场合穿的短裙）或许需要紧身胸衣或是束腰带，以搭配无肩带长款外套，所有的这些细节都要重视。

· 考虑扣子问题：要观察微小的细节，比如小小的纽扣和扣眼。扣子和扣眼是为了提高束腰带和领口的保险性。隐蔽的纽扣通常用于防止女性的紧身内衣或胸罩脱落。纽扣采用纤维及天然材料制成，所以最好手工缝制。从20世纪早期开始，拉链设计就被采用于服装构造，直到20世纪60年代，尼龙拉链才被引用。一条尼龙拉链将会作为一件老式服装进行修缮的标志。

当你检查服装时，你会发现服装构造极其完美，但这唯有穿的人才能看到。如果这件衣服内部不完美，那么它就不算是一件设计品，或者说它一定有需要修整的地方。缝头的完成度和缝合处的完成度是检验服装最重要的质量标准。服装边缘设计若想达到高雅大气的效果，那么其宽度需要保持两英尺甚至更多，缝头应至少达到一英尺。服装背部边缘应有半英尺，用以保持整体感与平面感。服装底部边缘用以确保服装能够垂直落下，覆盖臀部而不易移动。在服装设计中，所有的边缘线通常都是手工描画。翻领、领口、袖口以及束腰带均被放置在整个设计面上，这对衣服的成型极为有利。你或许通常会说，如果一些服装需要技术接口，就会感觉这些服装更加牢固。纽扣则是服装设计的另外一个重要标志。设计师通常都是手工缝制纽扣，纽扣采用天然材料如皮革制品，甚至玻璃来制作，但不可采用塑料制品。或许，你会发现隐蔽纽扣是整个服装不可或缺的因素。

经济实惠的含义及合理消费方案

如果你问朋友在服装方面的花费是多少，她们可能会说不知道或只说花费很多。但是如果让你规划合理价格的话，那就需要列举一张预算清单了。合计你的衣柜里的所有服装，包括不能穿或不穿的衣服。如果你像大部分人一样的话，那就极有可能花费了一大笔钱用于购买服装，却仅是为了改变你自己的购物习惯。

想象一下，你总是循序渐进地购买服装，而从未整理过你的衣柜，你仅仅为了代替或更新基本的必需品，而在一年中购买一两件重要服装。你买得起并不意味着价格便宜，但这与忧深思远的开销是同样的意思。

你属于哪种类型的购物者？

搜索型购物者

搜索型购物者善于寻找季节性必需品和一些换季物品。她们或许不会购买名牌，或选择时下的流行装。但她们会买当季的新款装，因为服装的流行脚步极快，很快就会过时。

销售型购物者

销售型购物者更加倾向于当下最流行的商场销售。她们往往具有很强的判断力，因为这些物品就像是一些特价的商品一样，不过通常这些服装都不易搭配，反之亦然。

冲动型购物者

冲动型购物者属于社会购物者。她们总是徘徊于商场，寻找能够博得她们眼球的宝贝，比如一双惊艳的鞋子、一条时髦的腰带、一件尺码不合身的超低价酒会礼服等。通常这些服装购买之后只穿一次，甚至一次都未穿。

即时消费者

即时消费者会等到最后一刻才买重要的东西，例如正式场合中所穿的酒会礼服等。通常情况下，她们不知道自己想要什么，所以她们往往会买一些没有时间限制的东西。以这样的消费模式所买来的服装通常会被永远地储放于衣柜内，几乎不穿。

基本消费者

基本消费者一年之中仅购物几次，例如购买一两款T恤衫或职业装，亦或是当她们的冬大衣受到磨损之后购买一款冬大衣。这并不是说明这是一个不良策略，但这一类型的购物者，很少去精心计划她们真正的服装需求，结果通常变为即时消费者。

备忘录：个人开支小贴士

· 盘点过去一年所买的衣服，并将其分门别类：配饰、鞋子、手提袋、必需品、T恤衫、贴身内衣、休闲装、运动装、酒会礼服以及职业装。

· 估算每款服装的花费并作记录。

· 根据这个清单，核对一下你平时经常穿、不经常穿、甚至不穿的衣服。

· 总结一下，找出自己的消费点。

· 把你经常穿、不经常穿的服装所花费的金额合计起来，这三个数据会让你深刻地认识到你平时的购物习惯，明白如何合理规划开支。

实用性服装规则：CPW（单次服装开销）

任何投资都充满太多的变数。CPW表示单次服装开销。比如说，在20世纪，你花费1500美元/815英镑购买一件法国设计师让·保罗·高缇耶设计的夹克衫，一周穿两次，那么一年之中你的单次服装开销就是14.42美元/7.84英镑；在20世纪60年代，如果你花费725美元/393英镑购买一件奥斯卡·德拉伦塔所设计的时尚长款连衣裙，而一年之中仅穿了三次，那么你的单次服装开销就是218美元/131英镑；但如果你购买同款长款连衣裙，买了三年，穿了九次，那么一年之中你的单次服装开销就是81美元/44英镑。鉴于有些服装可能会保留30年甚至更久，也鉴于最初的消费情况，你会意外收获一种健康合理的生活方式，这为你寻找高价值的服装之路指明方向，而你的日常生活开销也会被控制在可承受范围之内。

小贴士

每到年末，要保留好你所购买的服装和收据，合计你一年之内的所有开支。你会吃惊地发现你到底花费了多少钱。抛开这些金额不说，你会发现你的服装开支究竟是多少。

是否属实？

　　手提包和皮革制品也是展现设计师设计水平的一种方式，名贵包是彰显身份的一种标志。在某些正式社交场合中，一个路易威登包是社交礼仪的必需品。其他款式的包包，如爱马仕铂金包，几乎属于装饰品。铂金包是以一位女演员简·铂金（身价达到9000美元/4900英镑）的名字而命名的，该身价相当于一张演员名单里所有候补演员近乎两年的收入。当你在一家驰名中外的精品店里购买服装和鞋子时，你一定要完全了解这些物品，知晓它们的真正价值。一个爱马仕铂金包至少需要500美元，但是谁会购买呢？这一点相当重要，因为这并非是便宜货品。

　　奢侈服装仿制品时代随之来临。在洛杉矶专门负责精英队伍的警官瑞克石谷专门打击剽窃知识产权及高级服装仿制品。他说：“一年之内这些东西给世界经济带来了5000亿美元（3260亿英镑/3920亿欧元）的损失，消费者对奢侈品的需求欲望越来越强烈。一个人无论是贫穷还是富裕，都倾向于价格便宜的货品，而这些利润对于犯罪成员及他们所进行的恐怖活动来说无非是一种对生活的浪费。

　　不要随意在街上购物，事实即是如此。每一所大城市都设有廉价货品，如手提包、太阳镜、鞋子和其他时尚之物的销售地点，例如洛杉矶的圣提街、纽约的坚尼街、伦敦的牛津街以及街市周边地区等等。更为有趣的是，在巴黎，若随身携带一款高仿包包，这款包包或许会被没收。或者说，没有哪个出售高仿包包材料的人会将这些东西公诸于世。如果它的外观令人难以置信，让人难以发现，那它很可能就是仿品。

零售网站（www.bagborroworsteal.com）专门销售设计师所设计的手提包，包括租借，主要针对那些总是想拥有高级服装和饰品，并愿意出每周15美金或以上的价格来租借这些用品的顾客。这些时尚包包主要出自威登、普拉达、香奈儿、伊夫·圣洛朗等著名时装设计师之手。玛卡·马克是该零售网站的创始人，据网站www.therealreal.com爆料，这些设计师实际上被称为该网站的认证者。有几个在线上卖得比较好的品牌设计师的包包，实际上只是叫一些公司职员去作了认证而已。

世界最大的奢侈品交易平台"奢侈品交易"网站（www.luxuryexchange.com）受到了美国商务局的高度嘉许。他们同"My Poupette"网站（www.mypoupette.com）的高级认证者一起合作，该网站是一个权威性的拥有注册商标的设计品交易网站，是提供认证服务的机构之一。My Poupette网站的创始人是安琪·休斯顿，于1999年创建而成，据说当她在易趣网看到高仿手提包时，就产生了创立认证公司的想法。于是，她在短期内收集到300多个路易威登包，这些包包均是崭新的，这进一步坚定了她帮助人们实现拥有真正奢侈品的决心。该认证公司与全世界所有的认证者一起共事。休斯顿说："我们所见的将近百分之八十的包包都属于高仿制品，这说明以假乱真是一件极为简单的事情。"

备忘录：网上购物之防骗妙招

· 留意卖家的商品公告信息以及商品的来源，同时也要仔细阅读他们的退货订单及认证政策。退货政策的语言极其关键，有些卖家只是说"保证满意"，但是未说这些商品保证是正品，切记这样的网店一定要慎重购物。

· 考虑商品的价格。一定要仔细审查一下该商品是否物有所值，有时花费上百上千美元购买来的商品也就仅值价钱的几分之一，或者是二手货，甚至是退货品。

· 使用信用卡或贝宝付款，因为这样会出现一个商品认证的支援系统。

· 快速验证商品的真实性，以便于验证为假货时可以及时退货。

辨别真伪之妙招

如果你未到时装精品店或百货商场去亲眼鉴别货品是否是正品，在购买之前作一些前期调查实则有必要。阅读一些时尚类杂志，尤其是春季版和秋季版，因为这些杂志出版物均印有设计师丰富的广告以及当下流行元素的设计版图。登录访问路易威登的官方网站，你不仅能够了解路易威登，而且与路易威登设计相似的品牌也为你倾情提供。必要时，大部分奢侈品公司会发放一些宣传册或目录册；认真研究正品图片及正品外观，将会提高你辨别真伪的能力。

由于价格实惠，仿品发展态势愈来愈好，这在一定程度上增加了辨别真伪的难度，但伪品毕竟不是正品，总是时不时地显露出些许瑕疵。

"Purse Blog"网站（www.purseblog.com）是一个专门销售包包的网站，含有大量关于最热门设计师及他们所设计的手提包的详细信息。其中还有一个论坛，专注于购物资源，在这个论坛里有成千上万个链接主题，大多都是关于伪品与正品的话题讨论。

此外，还有一个专业销售奢侈名牌手提包的网站"奢侈设计手提包"（www.luxedesignerhandbags.com），该网站含有一系列介绍关于如何判断手提包真实性的影像资料。学习一套辨别真伪的方法，你将更有能力去甄别那些做工精致的个性商品，你的辨识眼光会变得愈加锐利，才使得皮革制品更具独特性。

> 由于价格实惠，仿品发展态势愈来愈好，这在一定程度上增加了辨别真伪的难度，但伪品毕竟不是正品，总是时不时地显露出些许瑕疵。

路易威登手提包仿品，其外观出现褶皱与明显的皱痕。

路易威登手提包伪品

压边针迹有瑕疵的路易威登手提包仿品

备忘录：六个快捷步骤辨真伪

· 凭手感判别真伪。真的皮质是又软又光滑的，是不硬的。好的皮质不会有很廉价的感觉。路易威登是最大的一个复制品生产线。他们的包包是由比较厚的帆布做成的，这样就可以压边缘，不会有一些很明显的皱痕。伪品在运送的时候一般会装很多，这样明显的皱痕就会被显露出来。

· 研究内外结构。一个路易威登包包上面会有一个重复的英文缩写L.V，这些英文总是在边上列成一排，而从不会在一条接缝线处被剪断掉或是中断，这就是为什么大多数设计师设计的包包会有图案的原因。路易威登包包同时也会采用一些亮色纽扣作为装饰品，因为亮色纽扣可提高包包的亮度，更易博人眼球。路易威登包包的手拿带不仅独特还很精致，皮革的边缘用的是红色。如果你看到任何一个包包颜色过度、脱线或是有很多粘合处，那这就是伪品。

· 检查金属器具。这些重金属在一个正品中看起来是很坚固而且会有很重的感觉，绝不会是塑料做成的。拉链，索环，装饰钉以及扣件都是加盖上标识的。而伪劣品一般都会加盖在金属器具上，所以你要看看加盖的标识以及金属的质感。这个标识的放置必须

是平坦的、清晰的。金属制品不可能是粗糙的或是边缘不平的。

· 检查缝合处。由于大部分设计师设计的包包都是用手缝制的，所以会很紧实，线路是一致的只是稍微地有一点倾斜。伪品是用机器缝制的，所以不会倾斜。

· 查找包内的号码牌。像路易威登、普拉达、马克·雅克布这些品牌都是以号码牌或是序列号为特色的。

· 详细查看商标。这个商标是与众不同的，每个商标都是有特质的，常常不会那么容易去仿造。普拉达手提包有一块金属板，这块金属板的颜色通常与包包颜色一致。包包上的商标字母R通常设计为轻度弯曲状，这是路易威登所采用的独特字体。

准备就绪

若想寻得物美价廉之物，就必须获得商品的内部信息。建议你创建一个特殊的电子邮箱，专门与关于服装设计的各种不同邮件保持联系，为你的阅读者提供选择权。你可以选择使用苹果Mac邮件、微软公司和办公软件等等。使用谷歌邮件的话，你可以创建一个标牌。若真要创建标牌或文件夹的话，就叫"样品销售"吧。这样你就可以将这些电子通告分门别类，不易混淆。你也不会因为一些邮件存放于垃圾收信箱内而错过了商品促销的时机，所以你一定要把供应商或卖主的邮箱地址收藏到邮箱地址簿上。以下是提供奢侈品促销活动的各大网站：

OutNet （www.theoutnet.com）

Yoox　（www.yoox.com）

Gilt　（www.gilt.com）

HauteLook　（www.hautelook.com）

Cocosa　（www.cocosa.com）

在这些网站上，你足不出户就能够买到时尚精品。这些购物资源如此受欢迎，以至于在这些购物网站打击到实体店之前，设计师会设计部分颇具独特风格的商品或是运输部分特殊商品提供给这些地方。

搜　寻

现在开始展开一系列搜寻工作。接收时尚信息是寻觅真正需求的关键。首先，有组织地从零售商及折扣店那里获取信息，这样你就可以找到自己理想中的服装以及最喜欢的设计作品；然后在购物网站上免费注册会员，开始你的网上购物旅程。

术语快速指南

· 弹出式，是一种销售或是销售大事件的一个暂卖点。

· 限时抢购，在网上是弹出式的一种翻版。弹出式跟限时抢购是在一定时间限定内有效，有些仅仅只有一天而有些会延长到4天左右的时间。

· 私卖会，仅仅只是对会员开放。

· 网络会员制营销，提供佣金给这些在网站的登陆页面上创造高点击量的企业家和公司。但是网络会员营销并不是一样的。符合条件参加的标准和支付协议也不同于其他的程序。

· 购物者俱乐部，通常仅供访问，然后提供一部分限量版特价奢侈品，会有一个简短的操作时间。在没有暗中破坏品牌价值的情况下，必需品经常会附带奢侈品。

实时通讯在美国曾风靡一时。因为实时通讯提供了最新或最受欢迎的产品和服务机会，并且能够直接购买。《糖果日报》（www.dailycandy.com）中记录了一天中的商品特价销售情况。《糖果日报》共有12个中心城市的版本，11个在美国，1个在伦敦。2011年，他们开设了地理位置定位以及内容交付应用程序，这是《糖果日报》现代风格的通告。这个应用程序传递了时尚信息，提供给其他一些使用者，比如设计师等等。

　　私卖会（www.vente-privee.com）堪称网络销售的鼻祖，开通时间长达20年，在德国开设了实休专卖店。在西班牙、意大利、英国、比利时、澳大利亚及荷兰，私卖会的奢侈品能打到50%-70%的折扣。在伦敦，秘密商品销售会（www.secretsamplesale.co.uk）同著名设计师薇薇安·韦斯特伍德、杜嘉班纳、古奇和普拉达等一起合作，目的是解决大量的库存、样品、特卖商品和会员消费，各类商品物美价廉，有时价格甚至为一折。英国的"设计师销售网站"（www.designersales.co.uk）旨在为会员提供最新的商品折扣信息，包括卡瓦利、华伦天奴、范思哲。

　　在荷兰，Fashion Lisst（www.thefashionlisst.com）要求提供欧洲最多的设计师库存和样品销售。打折商品主要来自古奇、亚历山大·麦昆、巴黎世家、迪奥、索尼亚·里基尔及马克·雅克布。通常情况下，设计师服装的省钱机会很少。

小贴士

· 了解更多的网站信息，教你如何省钱。

· 上网查询经常使用的一些关键词 比如：

· a样品特卖　b限时抢购　c私卖会　d购物者俱乐部　e会员专售
　f设计师专卖

成功备忘录：

不管是实购还是网购，总会得到最想要的

· 提前到达，在店面开门之前要到达以获得更好的选择。

· 注意查收邮件信息，要及时打开邮件来确保你没有错过任何的特价商品以及重要的销售日。

· 使用日历，在日历上要注明即将来临的重大的销售日子。如果你使用的是基本的日历，像谷歌日历或是互联网日历，你可以在你的智能手机或是电脑屏幕上创建一个备忘录或是通知这样的弹出窗口或是邮件来提醒你。

· 使用对你有利的社会媒体，查看你要去购买商品的商场的微博以及社交网，关注官方网的信息。零售商经常利用社会媒体来提供免费购物的促销码，独家专卖以及打折的信息。

· 在你喜欢的折扣店或是转卖会里，你要跟销售人员相处融洽，好让他们知道你要找的就是好价钱跟品牌。问问他们是否有拿回扣，如果是这样的话，他们就会告诉你热销的商品。

· 与销售顾问一起。许多商店把这个服务叫作"商店的使命"。这一项服务通常是免费的，就好像你有一位你私人的设计师一样。这些销售顾问会告知你独家销售的商品。

· 尽可能地使用商店的积分卡（信用卡）。持卡人可以从一系列的奖金程序中拥有特权，比如说赠品、服装修改的服务、额外的折扣、通知即将要热卖的商品以及奖品积分。部分零售商会一次性延伸，当你申请了他们商店里的会员卡的时候，你第一次使用会员卡购物的时候，他们会给你特有的打折优惠。当你使用这个会员卡消费的时候，就会减价，这个折上折的优惠可能会使你省下相当多的钱。这样的销售方式是为了每个月的收支平衡。否则你会在这些像高利贷一样类型的会员卡的销售中损失一些钱。

· 了解会员制营销。网上一些零售商会支付一定的回扣给这些通过点击时尚网站和博客产生消费的人。如果你有自己的部落格或是一个时尚网站，你就有资格参加会员制营销。

　　通过商品的商标来识别设计品牌的真假，这里列出了一部分比较有名的品牌商标。真正的设计品牌商标应是梭织商标，而不是打印商标。

　　需要注意的是，旧服装并不总是附有商标的，就像一个惯例一样，把服装商标取下，可避免国际税收和进口关税。

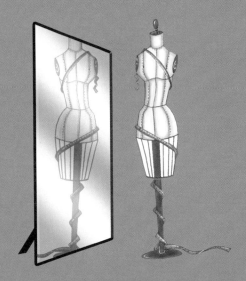

合身与否？

03

"时尚就是建筑学，关键问题是比例。"

——可可·香奈儿

是否合身是收藏服装的首要问题，除非你收藏服装的目的是存，而不是穿。高级设计师所设计的独特时装是极为昂贵与奢华的。假如你在关键时刻买到了令你十分满意的服装，那你平时的穿衣原则就会很容易被人理解。那是因为服装本身惊艳独特，但并不意味着你穿起来定会让人眼前一亮。在一定程度上，你所穿的服装反映出你的生活方式。身穿合身的服装，无论你走到哪里，都会信心十足。

尺寸是什么？我的尺寸是多少？

一个真正能够引人思考的问题或许没有绝对标准的答案。时代日益变迁，新事物迭出不穷，服装不仅在款式上发生改变，而且在尺寸上也会随之改变。现如今的尺寸4-6尺（美国码）相当于20世纪50年代的12尺。依

据女式服装尺寸的发展情况来看，据说玛丽莲·梦露在某一时段穿的是16尺，这个数字估计是真实的。1956年，研究调查显示，身高165厘米的玛丽莲·梦露胸围实际上是37英寸（94厘米），腰围是24英寸（61厘米），臀围是37英寸（94厘米）。六十年之后，用这个差距来规定尺码表，以美国码计算，玛丽莲·梦露的胸围尺寸是10号，腰围则是尺寸1号或是更小。然而，如今的美国人胸围测量尺寸为16号，相当于42英寸（107厘米），腰围相当于32.5英寸（82.5厘米），臀围相当于41.5英寸（105.4厘米）。

对于女式服装的尺寸来说，确实是没有完全标准的规格。大多数制造商都是按照他们的最初设计尺寸来决定的，当消费者在购物时问："我的尺寸是多少？"这会让他们产生混淆。还记得米莉森特、罗伯特这类芭比娃娃吗？1959年，美国的一家玩具制造商美泰公司生产了"芭比娃娃"。假如她是一个真人，她的身高应该是175厘米，胸围是39英寸（99厘米），腰围是18英寸（46厘米），而臀围是33英寸（84厘米）。在20世纪90年代晚期，芭比娃娃的胸围被重新测定，以适应时代潮流。但如果挑选现在的服装，她同样也会问"我的尺寸是多少"这样的问题。

Vanity [sizing]，名为女人

即使莎士比亚在《哈姆·雷特》中没有确切说明引用这个错误短语"Vanity [sizing]，名为女人"的用意及内涵，它也是真实存在的。每一位设计师，在设计或试穿服装时，都会以一位缪斯女神或试身模特作为参

考。假如有一位手臂较长的模特，那么设计师设计服装时更多会考虑加长衣袖，也就破坏了标准尺寸的原始规格。服装革新科技发展公司的副总裁戴夫·布鲁纳宣布了从20世纪40年代到50年代的美国最标准尺寸规格的统计数据。布鲁纳说："广泛运用的'虚拟尺寸'是一种市场营销手段，因为更多人可能会选择相对较小的尺寸。"

国际尺寸变更

欧洲采用不同的尺寸等级和编号。仅说中等尺寸，美国是38，英国是40，而意大利则是42或44。这些数据看似没有任何关联，是独立的，但需要加入尺寸表中进行比对。

服装尺码表：

国家	澳大利亚	美国	英国	意大利	日本	法国
XXS	6	0—2	6	38	5	34
XS	8	2—4	8	40	7	36
S	10	4—6	10	42	9	38
M	12	6—8	12	44	11	40
L	14	8—10	14	46	13	42
XL	16	10—12	16	48	15	44

鞋子尺码表：

澳大利亚	意大利	美国	英国	日本	法国
5	36	6	3	22	37

5.5	36.5	6.5	3.5	22.5	37.5
6	37	7	4	23	38
6.5	37.5	7.5	4.5	23.5	38.5
7	38	8	5	24	39
7.5	38.5	8.5	5.5	24.5	39.5
8	39	9	6	25	40
8.5	39.5	9.5	6.5	25.5	40.5
9	40	10	7	26	41
9.5	40.5	10.5	7.5	26.5	41.5

英寸与厘米的转换：

英寸	26	27	28	29	30	31	32	33	34	35	36
厘米	66	69	71	74	76	79	81	84	86	89	91

至今依然令人感到困惑的问题是最近（2006年）欧洲服装指定尺寸的引用，称为EN13402，依据十进制公式和20世纪90年代的人体测量而定。解释：消费者的身体已经发生改变，从人类学角度上讲已经超过十年。标准尺寸的出现是为了替代旧时的尺寸体系，只是还未被大众广泛接受。由于大部分旧时服装的尺寸已经根深蒂固，所以20世纪90年代的更新数据没有起到很大的作用。

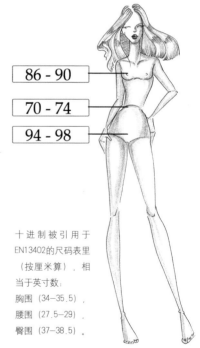

86 - 90

70 - 74

94 - 98

十进制被引用于EN13402的尺码表里（按厘米算），相当于英寸数：

胸围（34—35.5），

腰围（27.5—29），

臀围（37—38.5）。

伸一下即合身

20世纪是崭新的时代，时装界也随之创新，如演出服布料、超细纤维、莱卡人造纤维的出现以及高级成衣中所采用的延展纤维，更便于我们根据实际需要选择合适布料的成衣。然而事实并非总是如此。

乔伊·斯米歇尔所创建的GoBe公司，专为舞台演员定制演出服，并在演出服上绣上收尾语"生活没有摩擦"。乔伊·斯米歇尔是唐娜·卡兰纽约店的6位设计师助手之一。卡兰给米歇尔的任务是创造新意。很快，米歇尔就建议卡兰将弹性纤维添加入时装布料内。虽然莱卡人造纤维在20世纪60年代就已出现，但在那时还只被用于针织衫。唐娜·卡兰从意大利顶级的纺织公司进购了一批奢华织物，其他的顶级公司也向时装设计店出售织物。采纳米歇尔的独特构思，唐娜·卡兰成为第一个将莱卡人造纤维纳入纺织布料的设计师，因此，意大利的纺织公司也开始向时装店提供延展纤维布料，满足了如今所有服装对延展纤维的使用需求。

著名的零售商丽塔·沃特尼克在加利福尼亚·贝弗利山庄的莉莉歇店里收藏了世界上最多的高级女式时装。据沃特尼克所言："设计师使用延展纤维布料的目的不是为了调整尺寸和提高舒适度，而是为了使延展纤维布料的服装穿起来更精致、避免起褶皱。"

意大利纺织公司开始为服装设计师提供弹性面料

仅一个尺码——如何测量身型

谨记时装只是根据某个特定人的身型而定做，并且成衣服装也仅有一种尺码。几乎每个人都能从衣橱里找出几款不同尺码的服装，因为我们所决定的尺码是随着设计师制作尺码的变化而变化的。明确自己的身型尺寸对于成功选择收藏服装来说极为重要，尤其是在网上购物的时候。如果你需要测量除胸围、腰围、臀围之外其他部位的尺寸，你可以请一位朋友来帮你测量。购物时，你必须拥有这些数据，并确保这些数据准确无误，或将它们填入以下表格保存起来。如果你的体重不稳定，那么最好在一年之内多进行几次测量。

我的测量值

日期：

身高＿＿＿＿＿＿＿

体重＿＿＿＿＿＿＿

胸围（从前往后）＿＿＿＿＿＿＿＿

腰围（从前往后）＿＿＿＿＿＿＿＿

臀围（从前往后）＿＿＿＿＿＿＿＿

大腿围（一周）＿＿＿＿＿＿＿＿

内长（腿内侧的长度）＿＿＿＿＿＿＿＿

肩宽（从前往后）_____

胳膊周长（一周）_____

胳膊长（从肩到肘）_____

小胳膊长（从肘到手腕）_____

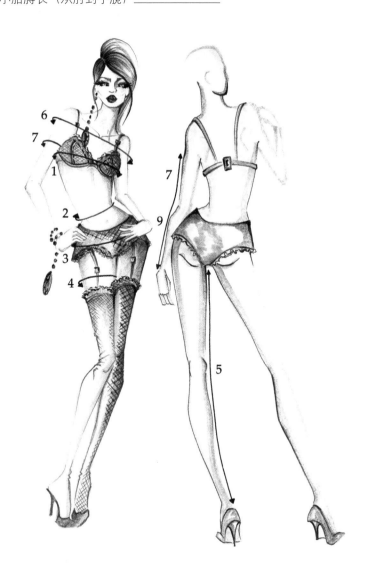

明确自己的身材尺寸

据专家介绍，测量自己的服装尺寸大有裨益。明确自己的身型以及适合的原因是明智购物的关键。从你的衣橱里选出几款不同的服装，把焦点集中于适合你与不适合你的服装上，然后测量一下这些服装的尺寸。这样就会让你更加明确自己的身材尺码，有助于评估自己的身体特征，如肩宽、臀围、腰围等等（以整体角度）。以下是几个关键的基本问题：

· 腰部以下更大了吗？

· 你的身材属于沙漏型吗？

· 你的肩膀窄或倾斜吗？

对尺码的分析和身材的研究，会使你的购物信心大大增强，为购物之旅提供必要的信息。

古今测量方法

古希腊人采用标准比例2：1，意思是腰围是肩宽的一半，臀围和肩宽大致相同——即沙漏型身材。曾经有人利用水果形状和几何形状来形容女人的身材，例如苹果形、梨形、三角形和矩形。这种过度简单化的描述有助于明确个人身型。

　　然而，可以更简化地去想一下，你的臀围、肩宽与腰围的比例是多少。如下描述的是几种身型和参考值，让你更好地理解不同的身型。

臀围小于肩宽

　　此类身型通常被称为"苹果形"，指肩部宽直，胸围较小，腿部较瘦，腰部可能微胖。此类身型最好常穿短裙，以突显纤细的美腿。应尽量选择V领、低U领或锁眼式衣领装，服装款式应选择套袖大衣或蝙蝠衫。背心或套索系领上衣并不适合肩宽的人。最好选穿窄翻领、有凹口或立领的服装，如燕尾服；也建议选择圆领或青果领。束腰外衣（不管是否配有腰带）、斜襟衣和夹克衫也是不错的选择。此外，风衣、运动夹克、单扣衣、艾克衫和腰部有坠饰的夹克衫对于肩宽的人来说也十分合身。任何风格或形状的裙子对于此类身型的人来说都很适用。但要尽量避免选择方形轮廓衣服、双排扣上衣、护肩服装、宽领服装、一字领服装、宽袖装及大号运动衫。

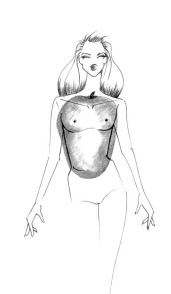

短裙能够完美展现纤细的美腿

臀围大于肩宽

　　此类身型通常被称为"梨形"，指腰部以下较宽，胸围较小，肩部较窄或倾斜。身体较低的部位通常会有三种特点：肚子膨大、臀部突出或大腿围较粗。若想把注意力从臀部移开，可将领口和肩部呈个性化设计，使之引人注目，平衡身材，博人眼球。选择突显腰部的服装覆盖身体的另一半。对于此类身型的人来说，A型款式的短裙和连衣裙深受她们的偏爱。可将衣领尽量拉宽，也可以设计独特一点。可以用一些领口设计方式平衡身型：古典领口、方形领口、一字领、滑肩、甜心领或精致公主领。其肩部尽量多一些细节设计，如护肩垫或肩章，配上时髦衣袖，如斗篷式衣袖、和服式衣袖、农夫衣袖及花瓣衣袖等等，切忌选择罩衫和花边上衣。

臀围等于肩宽

　　并非所有平衡的身材都有曲线美。如果曲线太多的话，这种身材往往会被认为是沙漏型身材。伊丽莎白·泰勒和玛丽莲·梦露就是此类身型的典型代表人物。对于平衡型身材来说，所有款型的衣领、衣袖、短裙、连衣裙和夹克衫都很适用。沙漏型身材的关键是要避免厚型衣服和圆形服装。例如，如果胸部丰满的话，就避穿厚胸罩、圆领衣、披肩或燕尾服款式的服装，以及任何带有裹带的服装。因为你的杨柳细腰是一大优点，腰带式连衣裙和束身装能够完美地突显这一优点。

臀围等于腰围

　　此类身型通常被称为"长方形"。然而，你的身型可能很直或很弯曲，通常来说腰围都较小。许多时装都适合此类身型的人。为了隐藏腰部轮廓，可以寻找一些衬衫、夹克衫、连衣裙或公主风格的外套。公主式时装将前后缝合线完美地拼合起来，更好地展现出平衡身材。伞形和褶形衣领可以增加长度，创造中心焦点。几何形衣领突显圆满，可搭配半身裙，体现出身材比例。能够更显身型的服装有夹克衫、女式无袖衬衫、下腰衫和帝政风格服装。女式长服、斜襟式连衣裙、天幕装和无腰带装也很适合此类身型。层式衣服、衬衫或旅行装可以大大增加身体平衡感及比例。此外，尽量选择与腰带颜色相同的服装，目的是避免腰部凸显。

服装奇效

不管你属于何种身型，时尚界总有办法为你设计当下最流行的服装款式。如果你观看一下从50年代至今的时装图片，你就会发现胸部越来越像圆锥形，这一点与不突出胸部的20、30年代时装截然相反。香奈儿推出一款运动衫，将女性从束身衣的束缚中解脱出来。今天所流行的文胸风格更加圆形化，通常还有填充物。

为了确保原来的服装依然合身，你或许需要找到一款能够把你的胸部塑造完美的文胸。如果你的胸部比较丰满，那么选择一款小型文胸会相对有益，尤其是在服装十分合体的情况下。小型文胸具有隆胸作用，所以穿上后，胸部突出就不会特别明显。

广告之一，叫作"梦入办公室"，这则广告展示了小型文胸将胸部上提，创造了一种标志性的锥形样式。

若想更好地了解现在消费者所需要的文胸款式，可登录访问文胸资源网站进行查询。运费不贵，而且可到达的地区居多。比较知名的网店如设于纽约的琳达零售店（www.lindasonline.com），涵盖200多款不同尺码的文胸，且在世界范围内均可配送。明确自己的身型以及所适合的服装款式，会使你的购物决定更加明智有效。

服装合身小贴士

如果你在逛街时发现了一款喜爱的服装，你会立即决定是否要试穿，然后对着镜子打量一番。有时你可能仅凭视觉就能知晓是否适合自己，但为了节省时间，或是避免繁琐的试衣细节，那么就请随身携带卷尺，根据自己的身材尺寸进行测量。如果可以的话，就尽量试穿一下那件服装。此外，还要考虑这几个方面：面料、手感和构造。将其握在手中仔细观察，判断面料是否僵硬，做工是否精致。主要观察以下细节：

· 缝合线在哪儿？

· 属于哪一种轮廓？（如帝政式、A型还是柱形）

· 衣领为何种设计？

· 衣边、纽扣、拉链、口袋位于什么位置，是什么颜色？（这些细节对于我们所提到的视觉误差都十分重要）

自上个世纪以来，人的身材变得越来越高大。这一点仅在加利福尼亚州好莱坞的著名中国影剧院的影星身上就能体现出来。现如今，市场上的一些复古装、时装和设计师转售服装都是小款型，这是因为这些服装均是根据古代人的身材比例来设计的。因此，明确自己的身型、尺寸以及身体各部位之间的比例对于选择更合身的服装来说大有裨益。

好莱坞的中国影剧院至今还存在着一个延续良久的传统习惯，那就是所有的明星都将自己的手形和脚形印在院子里的方形水泥上。

十大要素

04

　　"如果你愿意为生活而注意装扮，那你便拥有了一切。"

——伊迪丝·海德

　　所有经过悉心整理的衣橱都是永不过时的经典杰作。在时装史上，不乏亘古完美的经典设计之作能够继续经受时间的考验。尽管时装界的权威人士在每个季度试图通过筛选设计师们的作品来评定出当季的"必需品"，但仍然有一些条款继续列出了某人每年必不可少的服装。

服装投资：求质不求量

　　一切新兴事物在某些方面都会参考历史，如形状或方式。有一些服装风格会定期地循环，例如，褶边设计风格也许在今年会是中长裙，而明年会是齐踝裙，再下一年却又回归到中长裙。设计师们可能也会重温自己以往的服装设计作品并从中复刻出一种风格。你也可以通过投资永不过时的高品质时装，造就一个具有参考价值和自我风格的专属衣橱。

紧身夹克衫，多种款式供您选择。

你的个人风格将逐步形成并不断发展，此处列出的图标将作为基础来说明为自己的衣橱投资不仅是一种正确的选择，而且还将会确保你的装扮适合任意场合。

购物清单上的物品实际上是你的衣橱必需品。这些都是你日常所用的物品，并且能够用一些饰品（如珠宝、太阳镜、帽子、钱包等等）加以修饰，即根据自身品味或场合适当增减配饰。切记，无论是极端还是经典服装，全凭你的个性决定。这十大要素都考虑到了功能和风格的多样性，同时也适用于任何人的尺寸。还有，切记第3章里提及的有关合身问题的秘诀。

此图展示了香奈儿黑色晚礼裙
与简单黑色毛衣的完美搭配，
经典时尚，高贵迷人。

时装清单

1.夹克

优雅修身、高贵大气的双排纽扣黑色夹克（羊毛绉布，亚麻布，或者华达呢质地）会成为你衣橱里最常穿、最好搭配的服装，因此要考虑到买几种不同的款式。一件优质的夹克，设计师转售的价格范围可以从130美元到180美元（70—98英镑/102—142欧元），而作为打折后的新商品可卖到150美元到275美元（80—149英镑/118—216欧元）。

选购夹克时，你必须意识到它将会经常被派上用场，所以它的质量很重要。干净利落的缝口，高档的面料和合体的比例，这些重要特征都必须考虑到。设计师唐娜·卡兰、乔治·阿玛尼、马克斯·马拉、迈克·柯尔、拉夫·劳伦、卡尔文·克莱恩和雨果博斯女装都致力于创造出糅合简洁的线条和经典剪裁的夹克。

小贴士：如何选择夹克

· 配有内衬的夹克（能保存得更好）

· 硬麻布内衬（质优标志，利于保持衣服的外形）

· 后衩（考虑到衣服的舒适性与合体性，在衣服后面的一条打开的裂缝）

- 宽缝（考虑到衣服的可调整性）

- 天然纤维（丝绸、亚麻、羊毛、羊绒、骆绒或棉花）

- 纽扣（优质的纽扣由珍贵和半珍贵的材料做成：动物的角、鲍鱼、黑玉、黄铜和珍珠母）

- 纽孔结构（定制的手工纽孔或者优良的机械制造的纽孔是结构差别存在的标志）

- 特殊的加工细节（内口袋、贴边的胸袋和襟花）

设想一下，将一件经典单排扣夹克作为你衣橱的主角。例如由唐娜卡兰设计的这款夹克。面料和风格的细节可以随着服装从基本到极端时尚版型的变化而改变。

> 大多数的设计师能为你提供精心设计的上衣或经典白衬衫。

2. 白衬衫

没有什么能比白衬衫充满活力的外形更能塑造美丽的脸庞。寻找一款经典的竖领的、肖像的、褶皱领的或小圆翻领的款式，材质可以是棉

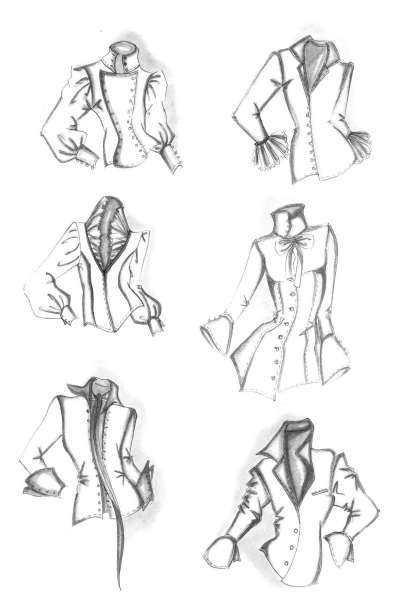

白衬衫具有无限的百搭潜质，可供你从早到晚的任意搭配。

布、丝绸或者亚麻布。这种百搭的服装在白天可与长裤搭配；晚上则可与缎子长裙、紧身裤或牛仔裤搭配，总之是任你选择。这里的关键是要把握合身尺度：胸部以上不留空隙或不束缚肩膀。设计师转售时，白衬衫的价格范围可从50美元到100美元（28-54英镑／40-80欧元）；而作为新商品打折后出售价格会略微上涨。大多数的设计师能为你提供精心设计的上衣或经典白衬衫。这些牌子你应该关注：卡洛琳娜·海莱娜、迈克·柯尔、奥斯卡·德拉伦塔、华伦天奴、艾克瑞斯、粉红豹或凯特·思蓓……它们都能为你提供经典的款式。

3. 迷你黑色连衣裙

迷你连衣裙，顾名思义，就是设计简单和线条简洁的服装。但奇妙

的是，它几乎可以在任何风格、任何轮廓和任何面料中仍能保持它的优雅。迷你黑色连衣裙合适的参考价格是：设计师转售价从125美元到200美元（70-125英镑/100-160欧元）；而作为新商品打折后出售价格会略高。你可以考虑一下为你的衣橱增添几款小黑裙。迷你黑裙永远不会过时，并且始终保持着它的优雅和别致。每一代人都会重新发现

迷你黑裙可根据白天或晚上的不同造型搭配不同的饰品。你可以把它当作是一张空白的画布，尽情展现你的搭配天赋与个人风格。

这款经典的服装并深深地爱上它。例如，值得我们注意的是，连美国第一夫人米歇尔·奥巴马，也为她的第一张在白宫拍的官方照片选择了一件迈克柯尔牌子的迷你黑色连衣裙。

此处展示的是以黑色手套作搭配的现代款迷你黑色连衣裙，是由纪梵希在1961年为电影《蒂梵尼的早餐》而设计的服装。

迷你黑裙的风格
在不断地演变。
黑色将不再是唯
一颜色，更多的
选择也许会更受
欢迎。

4．个性外套

外套的概念很广泛：可以是戏剧中能日夜穿着前行的披风，可以是多功能的摇摆大衣，可以是双排扣的水手上衣，也可以是经典的风衣，总之是有很多的选择类型。当你要选购一种或多种样式的外套时，你必须要考虑你选购的外套将如何与你其他的服装进行搭配。例如，宽大的外套或者披风能帮你遮住大部分上装或裙子；而比较合身的外套会让你

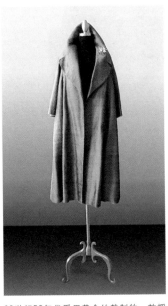

此款外套是传说中的迪奥个性外套系列中最引人注目的服装之一。

20世纪50年代采用黄金丝裁制的一款摇摆大衣，技艺精湛，设计完美，在服装市场价格为24美元（15英镑/18欧元）。

个性外套系列中更多的经典款式。

整体看起来更苗条。在颜色方面，如果你选择了一款深色的或者经典驼色的，或者米黄色的，那你更不能搭配错误。根据外套的类型，这些面料值得关注：羊绒，羊驼毛，入鹅绒，细羊毛，或者是风衣专用的重级棉花。经典型的外套售价是从75美元到250美元（40–150英镑/60–200欧元）。设计师转售或作为打折新商品的更优质的外套的价格是从200美元到350美元（110–190英镑/160–275欧元）左右。一些经典的牌子有：克莱恩、莉莉安、华伦天奴、库雷热、邦妮·卡森、纪梵希、圣洛朗、艾斯卡达，还有巴宝莉的风衣。

5.黑色裙子

优雅大方的黑色裙子，无论是紧身铅笔型样式、齐腰覆臀式、或A字型样式，都是与白衬衫、两件套、夹克、外套或高领毛衣完美搭配的必备服装。选购时你应该考虑到黑裙的长度要合适你的体形，同时也要考虑到它是用作便装或者是商务装。你也应该选择那些有衬里的黑裙，因为它们悬挂时会显得更平稳顺滑。面料如细羊毛，亚麻，丝绸或棉布都是合适的。根据黑裙的面料，设计师转售或作为新商品打折后的价格是从75美元到150美元（40–85英镑/60–120欧元）。

简单大气的黑裙与白衬衫，再简单搭配一些饰品，
给人一种魅力四射的时尚感。

6.长裤

　　长裤、牛仔裤、喇叭裤……无论如何称呼它，它都是你想在精心打扮或随意穿着时保持舒适的最佳选择。一条款型合身、做工精良的黑色或纯色细纹裤，将会成为你衣橱里能灵活搭配得主角。正如上文提到的黑色裙子一样，有内衬的裤子悬挂时会保存得更好。值得关注的相关设计师有：赫尔穆特·朗、斯特拉·麦卡特尼、麦丝玛拉和黛安·冯芙丝汀宝。还有各种款式的裤子值得考虑，例如：经典的直筒长裤或宽腿裤。同样地，决定购买时必须也要考虑好什么类型才是最适合自己的。如果是作为晚装，优雅的宫殿样式丝绸长裤会是一个不错的选择。设计师转售或作为新商品打折后的价格是从50美元到125美元（30-70英镑/40-100欧元）。

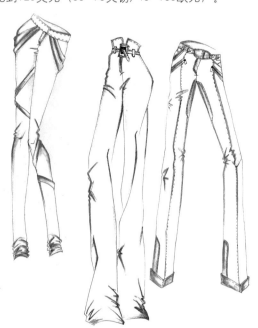

多款长裤款式

7. 晚礼裙——从鸡尾酒会到夜总会

当某人身处很多重要活动正在进行的场所时，她最需要的盛装会是什么呢？一条光滑的黑色缎面晚礼裙？的确如此！最好是搭配白衬衫或高领衫或短袖圆领汗衫。绉绸、缎丝绸或塔夫绸面料的晚礼裙都可创造出一个引人注目的身影。人们普遍认为晚礼裙应该都是长的，事实上一条面料考究的相对较短的晚礼裙也适合于大多数的场合，除了部分正式场合之外。作为老式经典服装、设计师转售或作为新商品打折后的晚礼裙的价格是从50美元到125美元（30—70英镑/40—100欧元）。

一条极好的塔夫绸面料黑色晚礼裙看起来很正式，也可以很时髦。就像莎朗·斯通在奥斯卡金像奖颁奖会上黑色晚礼裙与短T恤衫的搭配，被当作是有创造性的晚礼服。

一条上好的晚礼裙将会为你创造奇迹，让你与众不同。最好同时搭配一些个性化饰品。

8.打底裤或紧身连体裤

20世纪80年代简单的黑色打底裤（亦称滑雪裤）强势回归，由此奠定了它经典传统的地位。随着面料技术的更新换代，这些氨纶混纺新技术不仅让打底裤成为塑造身形的服装，还为它与外套系列、夹克、迷你裙等服装的搭配奠定了基础。打底裤价格不一，但贵点的质量也会更好。同样，要记住重量较沉的打底裤相对来说会显得更合身。作为新商品打折后的打底裤价格是25美元到75美元（15-40英镑/20-60欧元）。

打底裤与短袖汗衫的套装搭配，此套装组合可有效改变整套服装的造型。

9. 两件套、高领毛衣和短袖圆领汗衫

这些衣服对任何一个衣橱来说都是必需品。两件套可作为光面夹克的替代品，甚至还能与晚礼裙搭配。两件套是指一件合身套衫和一件开襟羊毛衫的组合搭配。套衫可以是无袖的、短袖的或偶尔是长袖的。选择黑色或中性色的开士米羊毛织品或细羊毛织品能让你在搭配上有最大的发挥余地。设计师转售和作为新商品打折后的两件套价格是90美元到225美元（50—125英镑/70—180欧元），价格还取决于该两件套是否羊绒或者羊毛质地。

不管是V领、U领、圆领或一字领，或者材质是普通丝绸或优质棉花，短袖汗衫的地位是不可替代的。衣服合身很重要，而且如果你是考虑买一件经典的白色T恤，那么它必须保持干净。

经典的高领毛衣，不管是仿制的还是传统的款式，都可分为无袖、短袖、中长袖或长袖。购买时宜选以优质棉、丝绸、美利奴羊毛或者羊绒为材质的毛衣。一件做工精良的高领毛衣应该能保持它的外形并且不会让颈部感到不舒适。然而，如果你的胸围较大，那这款服装可能就不会那么合身了。

对于T恤和高领毛衣来说，任何地方的专门店或作为新商品打折后的价格是10美元到80美元（7—45英镑/10—65欧元）。

一款巴黎世家的名牌服装，穿时要考虑一下它的价格，那会
让你觉得你的付出物有所值。

10. 伟大的艺术作品——名牌服装

想必你已经听说过个性化项链、个性化鞋子和个性化外套。那么，接下来的这种服装应该是热门话题中的主角，因为它有个性化的主张。这种服装可能会是你为衣柜作出的最大的投资，因此你必须选择你热爱和钦佩的设计师。如果你仰慕迪奥，或者崇拜香奈尔，此时此刻你必须作出决定，不管它是过时的、转售的还是崭新的。你应该作好此项预算，至少400美元或者更多。总之，该付出多少全凭你自己的判断力。

你可以打造一个风格迥异、颇有参考价值并值得你不断回顾的专属衣橱。

你所选择的服装并非属于经典款式，但你可以施展你的个人魅力。

小贴士：尝试改变

尝试改变一下经典的老式服装，或是你渴望的任何服装。不要因为服装的长度、垫肩或者不尽如人意的纽扣而排斥它们的独特性，一切均可改变。

衣柜整理之道

05

"就像买一部法拉利跑车或者一匹赛马一样，你需要给予你的名牌服装一些额外的关注与照顾。"

——约翰·安东尼

衣服也需要一个地方来生存、呼吸和成长。喜欢购买和收集服装的人需要足够的衣橱空间和简单的储存方法。通常，你多年没穿的衣服跟你衣橱中的日常必备服装混合在一起，旧衣服占据了宝贵的空间并让你在穿衣打扮中耗费更多时间。

准备重新整理

除非你很幸运地拥有大量衣橱的空间，不然你就会像大多数人一样，为衣橱的空间问题犯愁。另外，很多人的衣橱都塞满了不穿的衣服。据说，多数人只会穿他们所拥有衣服总数的20%。过度拥挤对衣服是有害的，比如造成衣服起皱、有折痕、潜在的剐破危险和破裂。如果这些问题让你听起来很熟悉，那你就准备好重新整理你的衣橱吧！当你对你的衣橱

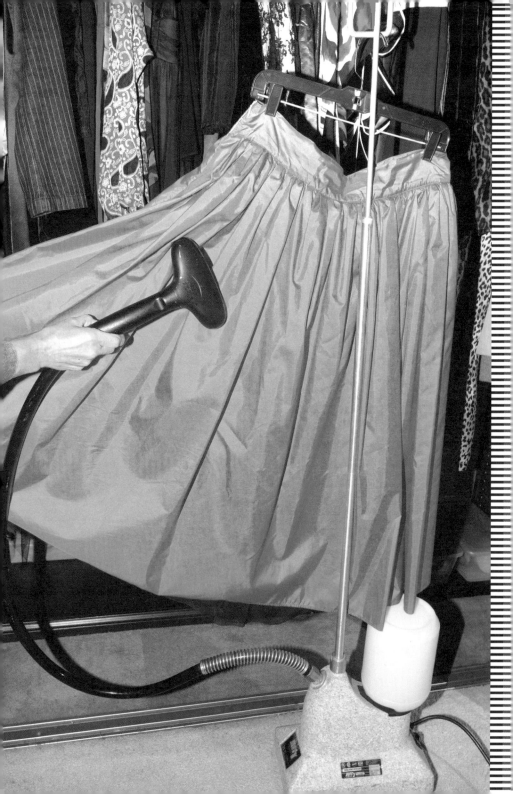

进行评估和整理时，你会发现你的投资是那么地有价值和有意义。

衣橱是心之所在

对衣橱的检查只是意味着在查看衣橱时，既看有什么，又看衣服是如何组织摆放的。就像在作一项调查研究一样，你的目标是探讨衣橱里究竟有什么，并且按这样的方式组织摆放：当你需要穿衣服、整理衣服和存放衣服时，你可以有效地利用衣橱里的每一寸空间。彻底检查衣橱可以帮你排除衣服中80%不常穿的衣服。这样你就可以决定将怎样存放你收藏的时装和存放在哪里，同时你还可以决定你将把你的日常用衣悬挂在哪里，或折叠后放在哪里。

为衣橱腾出更多存储空间

· 评估你家衣橱目前的真实状况。如果你有不止一个衣橱，你可以确定一个被认真整理过的衣橱能够继续长期贮存更多衣服吗？你应该考虑重新整理任何一个衣橱来获得更多的储存空间。

· 测量每个衣橱可用空间的高度、宽度和深度。当你要选购一些衣橱储藏容器，增加衣服架子、杆子，还有其它一些衣橱的组成部件时，你会发现这些信息很有用。

- 分析你家里隐藏的存储空间。仔细检查房子里每个房间所有橱柜的可用空间。用来放杂物的橱柜可以清空，然后把毛衣、鞋子或者其他配饰放进去。还有，你的床底下有空间让你放鞋和一些没高度要求的东西吗？如果你有一个楼梯间，考虑一下把它清空并腾出有用空间。
- 地下室和阁楼都不是存储名牌服装的理想位置，除非你能确保对气候的控制和保护衣服免受虫害，还有确保衣服不受屋漏或水灾造成的水渍影响。

检查衣橱的步骤清单

第一步，将你目前不需要的所有东西移出衣橱，其中包括任何需要清洁或修补的物品。你没必要把它们都丢弃，只是为了整理好衣橱而把它们先放出来。这样能让你心中有数，能有计划地整理衣橱而且能清楚怎样才能把里面的物品摆放得更好。你的目标是营造一个别致时尚的衣橱空间。"求质不求量"这句话再怎么重申也不为过。你的衣橱里究竟放了什么？是一条打折时低价买进却从来没穿过的连衣裙？一条不合身的长裤？或是一条碎边裙？那你就把连衣裙和裤子捐赠给别人吧，或把裙子交给裁缝师重新剪裁。

当衣橱空间有限时，你必须能更加清醒地判断并把不是那么重要的衣服留到后面才放进去。如果有些服装要装到包包或箱子里面时，要为这些衣服贴上标签并写上储存日期。为什么要标上日期呢？每年记录一张服装的存放名单会让你更有条理。如果你日后看到该衣服你已经一年没碰过了，那你就可以想象该如何处置它。如果你觉得自己不再需要它了，那就考虑一下把它卖了、捐赠出去，或者拿来跟别人作交易也行，这样你就可以为你现在常穿的服装腾出存放的空间了。

开始整理之前，自问以下问题：

1. 在同一衣橱里，你同时摆放有冬装和夏装吗？你能把淡季里的衣服存放到别处吗？

2. 你把工作服悬挂在居家服的旁边吗？

3. 你的鞋子到处都有吗？你可以把它们有序地放在盒子里、门后面或床底下吗？

4. 你有一些让你念念不舍的过时但实用的服装吗？如果你不是经常穿它们的话，就把它们储存起来吧。

5. 问问自己还有哪些是可以移除和存放到其他地方的？

6. 哪些是你最近没穿过的？它还值得你继续保存在那个位置吗？

7. 你能够在重新配置衣橱时为它增加挂衣杆吗？也许有一条是用来挂连衣裙、休闲裤和外套，有两条是用来挂上装、裙子和夹克的。衣橱里还有空间增加一个架子吗？

8. 衡量你的衣柜的高度、宽度和深度。确切掌握你所能利用的空间，这样会为你重新摆放衣柜节省不少时间。努力寻找没被利用到的空间，为你衣橱的改造找到灵感。每根可移动的杆可挂六件衣服。

一个存放整齐的衣橱

小贴士：有序组织好你的衣橱

把你的服装和配饰专业有序地储存起来。造型师、形象顾问和服装设计师都有一个共同点：他们的衣橱都摆放得整齐有序。按编号、颜色、大小、季节安放好你的衣服，所有这些方法将帮助你更容易地记录和找到衣服。你可以在网上和商店里找到多用途衣橱的生产商家，例如：塔吉特（加拿大的泽勒）、在美国和加拿大的万能卫浴寝具批发商城，或者是分公司遍布40多个国家的宜家家居商城。他们都能在小空间储存方面为你提供实惠而有效的解决方法。寻找能挂衣服的架子，还有抽屉或衣袋。这些都将为你存放更贵重的商品腾出空间。

塑料是一种禁忌品

尽量避免使用任何类型的塑料制品，特别是服装塑胶套或干洗店的塑料薄膜。塑料制品让服装不能透气和散发任何水分，从而导致衣物有异味或发霉。最好把你较好的服装放入布料服装袋和防蚀箱子保存。伊丽莎白梅森，纸袋公主的创始人，有一家专门从事老式经典服装和时装的商店，建议我们在悬挂衣服时要用一块棉布覆盖在衣服的表面，这是暂时的方法，还要在棉布的中间剪一个洞，方便放入衣架。

如果你使用塑料储物箱，小心地把无酸性的棉纸覆盖在箱里的每一面和箱底，但不要把箱子密封起来。这就代替了用白棉布和平纹细布盖住衣服来防尘。无酸性意味着该棉纸具有中性pH值，因此它被专门保护纺织品和服装的专家和管理者所推荐。它能做成不同尺寸的平型棉纸和卷型棉纸，还可帮助预防服装的褪色和衰坏。

当折叠好服装并把它们分层存放在箱子里时，如果你用的是无酸性箱子和无酸性无缓冲的棉纸，你存储的服装将会更长寿。无酸棉纸和盒子如今都很容易买到，上网查询离你最近的供应商吧。

驱走灰尘

让你的衣橱和衣服远离灰尘，就如让你宝贵的丝织品和毛织品远离飞蛾的毁坏一样重要。不管你的衣服是否是贵重的古董服装，都应当采取适当的预防措施。使用天然雪松香块或薰衣草香包有助于防止飞蛾损毁未关紧的衣柜、箱子和抽屉里的衣服纤维，这些植物散发的气味浓度不足以致命，因此也保证了衣橱的安全。

每年都应该用真空吸尘器把你的衣橱从上到下认真地清扫几次。衣橱不适宜使用吸尘器的时候，一定要习惯地把衣橱门关上，这不仅可预防害虫的闯入，还能阻挡光线。光线会使衣服褪色和使布料老化。飞蛾会吃掉任何用动物制造的材料包括毛毡制品和羽毛制品。定期地用真空吸尘器清理有助于吸走掉出的线头、宠物毛发以及幼虫赖以为生的碎屑。多丽丝·雷蒙德是"唯我时尚"(The Way We Wore) 品牌的忠实消费者，喜欢公开展示他那些迷人的帽子收藏品，它们总是保持得很干净整洁。"我用的是一个小的带导气管和吸口端的真空吸尘器，它对衣料不会产生压力。"当你把新买的服装带回家时，最好把它们的外表面刷一下，或者用真空吸尘器把它们彻底地轻轻地清理干净，还有就是不要把它们和你日常穿的衣服一起放置。

　　一些老式经典服装专家建议将毛织物装进塑料袋里，然后放进冰箱冷冻过夜，这样冰箱的冷气会杀死任何蛾卵或幼虫。冷藏是一种流行的储存皮草和皮衣的方法。它不会伤害衣服，但冷藏设备的储存仓经常会加入控制害虫的物质，所以这些方法都是不可行的。

挂还是不挂

　　挂或不挂……这对中世纪的君主们来说不是个问题，但拥有适合服装的衣架是很重要的，所以立即重复利用所有铁衣架或五颜六色的大塑料衣架吧。那些短小的、笔直的、有缎垫的衣架虽然漂亮，但请慎重选用，除非你用防蚀纸把它们包裹住，但即使这样，也只能用来挂无袖的衣服或内衣。要记住，服装的肩部可能会随着时间的推移而适应衣架的形状并产生一个难看的凸起部分并使衣服拉长，这就改变了衣服的合身性和雅观性。衣服纤维会拉伸，较旧的纤维则会磨损和破裂。

　　服装的重量会集中到肩部或衣服的顶端，并减少了其余整体布料的重量。外形固定的服装，包括外套、夹克、西服外套、裙子；还有容易起皱和被挤压的织物，如丝绸、天鹅绒和绸缎，都需要选择正确合适的衣架。有一款拥有几个二十世纪的时装经销商处认可证明的衣架，它很轻，外型很平滑流畅，并且非常节省空间。如"返璞归真"（Real Simple Solutions®）公司制造的一款衣架，还有很多其他的类型。

　　折叠衣服时会有些较小的挑战；你需要把防蚀纸放在那些不常穿的衣服之间，如果这是一件紧密的纺织品，要避免折叠时把尖锐的物品折到衣服内，因为长时间的存放可能会导致布料的损坏。把柔软的或较厚的衣服卷起来存放，这有利于预防衣服起皱，而且找东西时这样会更方便，不会碰乱存放的衣服。

快速整理清单

如果对以下任何问题的答案是肯定的，那么把衣服折叠好并平直的存放起来是最好的方法。

· 它是针织品吗？

· 它很重但它不是外套、夹克或者连衣裙吗？

· 它是比较旧，或者用更精致的布料（如丝绸、天鹅绒或塔夫绸）做的吗？

一个香柏木制的抽屉，有助于保护衣服免受飞蛾的损坏。

并非所有方法都适用

过去并没有干洗店，在古罗马时代，洗衣场采用一种称为漂白土（黏土般的矿物质）的物质，该物质能够除去羊毛脂及其他油污，包括羊毛制品和草制品。而现在人们不再像古罗马人那样了，许多消费者仍然会依靠其他人来完成衣服的洗涤，并通常是去找干洗工。

干洗并非指无需水洗。它是一个简单的用化学溶剂代替水来清洗衣服的过程。1821年早期，有一个裁缝叫托马斯延宁，是第一位非洲裔美

工人们晒晾已干洗的衣服——这是一幅在庞贝城的维拉尼乌斯里的有关洗衣店的罗马壁画。

国人，他因为发明"干燥洗涤"的过程而获得了一项专利。大概在同一时期，法国有一位以纺织品染色为生的染色家，名叫巴蒂斯特，他在煤油意外地溢洒在一些布上时偶然发现了一个相似的做法。

　　波莱特夫人是一位在纽约市居住超过五十年的洗衣工和细薄织物的修补工，她主要经营时装和经典服装。当纽约的大都会艺术博物馆准备办一场可可香奈儿时装的展览时，他们求助于波莱特夫人。当许多珍贵的时装送到波莱特夫人的干洗店时，很多专家表达了谨慎小心的态度，因为不是所有的干洗工都像波莱特夫人那样经验丰富。但约翰马德森，波莱特夫人的上级，他同意了。"如果一个干洗工不是因为他的专业工作而出名的话，那么是不值得冒这个险的。人们不会了解干洗工的工作，除非他们是内行。但我们能够从一张数码相片里评估衣服的状态。"

　　波莱特夫人提供了一份免

1947年迪奥推出的一款鸡尾酒晚礼服，迪奥的任何服装都极具收藏价值，因此也应该悉心照料。

费和虚拟的评估，并通过电子邮件发送给他们一份图像。实际工作中的费用取决于他们发现了什么问题，并在个别案例的基础上确定。但你要清楚，你把珍贵的波烈时装送到这样一个地方，就免不了会有点担心，是否会被试穿或被弄脏。在保存和恢复的技术中已有很多先驱者，但波莱特夫人发展了一项技术：用黑光检测出衣服上肉眼看不到的污渍。他们可以修复别人觉得无法挽救的服装问题。例如，璞琪上印花的原色很容易褪色。根据马德森所说，璞琪服装对水都很敏感。"这是一个棘手的问题，但我们可以去除已经渗出和增加的褪色染料，其实时间一长，衣服的活力和光泽都会褪色，而不单指颜色。"

去除污点

当你发现你好不容易找到的衣服上竟有一处显眼的污点时，你就不得不放弃它。通常，如果一件衣服在零售时已经有了污点，那它很可能已经渗透到布料里了。然而，对于那些无畏挑战和冒着进一步损坏衣服风险的人来说，可以把一个棉球或棉签放入去污剂，然后轻轻压入一个内边缝或褶边来测试色牢度。如果染料在棉布上可见的话就必须放弃测试，擦净染料，并用一块干净的白布吸收洗涤液中的任何水分。

如果你没有看到染料，那就看看布料是否在洗涤液干燥后发生了任何改变。任何明显的结果，如出现环状或起褶都是不好的。如果不想成为造成污点的罪魁祸首，那就赶紧行动起来吧，用勺子或者钝边的刀刮掉那些固态物吧。伊丽莎白·梅森说："我处理污渍时，会使用刷子和蒸汽进行处理。较旧的织物更脆弱，因此需要温和地处理。你应该进行比色试验，如果你觉得织物能用冷水处理，那就轻拍它，但是不要摩擦，把有点冷或常温下的水洒在污点上来稀释和溶解污渍。"多年来，旧式食谱中去除污渍的方法已经被证明是有效的。例如，苏打粉糊、盐和水可以从特定的织物中除去顽固的环形汗渍，如棉布和亚麻布。

没有它就不要离开商店

当独自购物时，一个人总会在离开商店之前检查所买商品。在你到达收银台之前，这样做是很明智的。显然，如果你发现所买商品有点瑕疵如一个污点，那你还能选择换货或是不买。如果你从易趣上买回来的商品发现有污点或者跟你下单时的描述不一致，这时你有几个选择，包括直接联系卖家进行协商。固定的网上商城，如易趣，是靠买家对商品的评论驱动经营的。为了避免负面的评论，多数的卖家都是有信誉的商家。易趣网有一个客服部门，用来彻底解决双方交易中遇到的纠纷。对于购物网站，寻找或咨询他们的退货政策和保障。贝宝有一个关于投诉商品和退款请求的协议，所以为了保障自身的网购权益，网上付款时考虑一下贝宝吧。

维修及紧急情况

为了解决高难度的修补问题，你需要去找专门店。如果你那让人梦寐以求的服装有一个可识别的标签，如香奈儿或者华伦天奴，你应该考虑联系他们中最近的专门店。凯西（Kathy Davoudi—Gohari）是比华利山庄的一名区域经理，经常跟她的客户分享服装修复和清洁的方法，有时候还以有偿服务的形式，帮助客户解决华伦天奴的服装问题。

重织可以修补衣服缺陷，如蛾洞、小裂缝和香烟在毛衣与针织品上留下的烟洞。较大的裂缝要用绣织，就是从服装上隐蔽的地方剪下一小块布料，如褶边。重新编织涉及编织毛衣里隐藏的丝线重编受损的地方。要提前知道，像这些修补方法，尽管重织后的地方不是很显眼，但还是可能会看得出来。尝试在你附近的区域找到最好的服装修补方法和专家，可以搜索美国的在线城市列表如Citysearch（www.citysearch.com），或者Yelp（www.yelp.com）。Qype（www.qype.co.uk）是一个在欧洲、中东和亚洲的类似用户生成的评论网站，列出了超过150多个国家。考虑与专营纺织品的拍卖行进行联系，或者是地区的剧团、芭蕾公司或服装租赁公司，因为他们经常和需要定期保养的服装打交道。当处理小件的突发事件时，如重新补上纽扣或缝补一个小缝口，好莱坞的服装设计师和造型师都有一个工具箱，里面备有很多补救物品来应对突发事件，如衣服出现污渍、纽扣松散和出现裂缝。你也可以准备一个迷你工具箱，那就可以轻松处理简单的修复工作了。

应急工具箱清单

· 棉绒刷

· 鬃毛软刷

· 麂皮清洁海绵

· 针和线

· 隐形线

· 双面胶

· 安全别针

· 湿纸巾

· 服装蒸汽挂烫机（如果空间足够的话）

蒸汽挂烫机

　　为服装购买一台专业的蒸汽挂烫机是非常值得的，但不能和轻便的旅行喷汽熨斗相混淆。专业的蒸汽挂烫机有一条支撑杆和可灵活移动的导气管，在网上很容易买到，或者在一些折扣店也可以买到，包括在美国和英国的好市多超市。在欧洲的话，就去家乐福超市买吧。蒸汽挂烫

机使用方便，可以使人在不太累的情况下出色地完成工作，衣服不会起皱并且不会被过热的熨斗烧焦。同时蒸汽也有助于去除衣服上的霉味。当你首次使用蒸汽挂烫机时，要拿一件可以机洗的衣服来练习以便掌握它的用法，因为有时候蒸汽挂烫机会喷出或溢出一点液体。然而，大多数的衣服经过蒸汽挂烫机偶尔的整理后，都会显得靓丽光鲜。

棉绒刷

绒布刷是必不可少的工具，软毛棉绒长柄刷可以刷去宠物的毛发，经常刷你家耐寒的衣服是很重要的，特别是外套，每次穿过后都要刷一下。你也应该刷一下衣服的肩膀处，因为它们挂在衣橱里一年或多年并且没被穿过，上面已经累积了很多灰尘。这些累积起来的灰尘会损害布料并使其褪色，破坏了衣服将来的可穿性。

湿　巾

对衣服来说，干洗或者定期用洗衣机洗涤（包括你常穿的和耐寒的衣服，如风衣和夹克）是常规的清洁方法。同时，你还可以把湿巾擦拭作为另外的方法。记住，这个建议可能无法适用于较旧的精致的衣服，因为湿巾上的化学品刺激性很大。湿巾在造型师、服装摄影师、电视和电影中都很受欢迎。它可以用来成功地去除轻微的污点和污垢痕迹。要找含酒精成分的湿巾，因为很多牌子的湿巾已经不添加酒精了，而它却起着清洁剂的作用。像"湿露洁"（Wet Ones）牌子的大多数湿巾都含有酒精成分。酒精挥发很快，这会加快潮湿衣物的干燥进程。"洁灵"（Shout®）牌子的清洁剂中也有一种湿巾，它利用酶来消散和吸收污渍，对油性残留物特别管用，但主要的清洁剂是一种酒精的形式。湿巾和清洁剂湿巾的区别是：前者对身体无害，而后者只能用于去除不褪色衣服上的污渍。二者的使用方法相同：只需把湿巾轻轻地拍在污渍或溢出物上，不要使劲摩擦，之后风干就行了。

> 寻找含酒精成分的湿巾

小贴士

在你把衣服放回衣柜或抽屉之前，穿过的衣服必须晾一整天。这有助于防止烟雾味、香烟味、汗味和食物的味道依附和扩散到其他衣服上。

小贴士

美国古典电影节目《疯狂的人》（20世纪60年代初期的一部历史剧）的著名时装设计师珍妮布莱恩特保留了一个伏特加酒和水的喷雾瓶。只要轻喷一下，香水味或体味都可除去。

　　经过适量的准备和努力，你已经可以对你的服装进行管理和保养了，不管是经典时装还是日常服装。在你对这些特别的服装进行大量投资之后，在接下来的几年或几十年内，你一定会很享受它们给你带来的惊喜。

収藏家

06

杰出的时尚编辑和收藏家戴安娜·弗里兰生前在一次与克里斯多夫·亨普希尔的谈话中说到：〝典雅即优先取舍。〞

在此，所有的收藏家所描绘的共同点便是典雅。但是，如果我们单纯的从字面上来理解戴安娜·弗里兰的引语的话，那么，你可能会问，究竟是什么被舍弃了呢？几经思考答案就会浮现出来；真正舍弃的是对限制和习俗的墨守成规。

显然，收藏家所表现出来的是一种坚定的决心和热情，所有这本书的被访者也都一起开启了我们的论坛。〝我仅仅是发现了这个很好的领域，你永远都不会相信我为此付出了多少。〞他们的热情是无止境的，是富有感染力的。要想发现一款鲜有漂亮、价格合适的服装谈何容易，不仅浪费大量时间，而且还极具挑战性。然而，那些收藏家在这种寻宝似的经历面前并未感到恐惧，这对他们来说是一种享受。

这本书将会帮助初学者和支持者探求寻找时尚服装的有效方法。但是，收藏方式也应成为课程的一部分，这一点是从所有收藏家那里学到

　　的。因此，我们要不惜花费空闲时间去淘宝，收藏珍品不为当前，只为未来的某一天。这种收藏方式对于那些持之以恒的人来说如同呼吸一样简单自然。

　　有人说："过去是现在所造就的一支管弦乐队。"对于高级女式服装艺术来说，确实是这样。如今，全球的收藏家都在试图保留那逝去的流行风，并将它融入到现今的生活中。

洛莉·爱瓦斯

01

自从我把生命投注于时装，作为一种营生之道和生活方式，"购物"这个词带给我的不再是厌烦而是灵感——不是对新品而是对独特性的一种灵感。我的最爱——黑色打底裤和高领毛衣的出现，为20世纪50年代的豹纹夹克衫和60年代的修正版巴黎

收藏家洛莉·爱瓦斯在起居室内，身穿她那最爱的豹纹夹克衫。

世家上衣奠定了良好的基础，我从两个方面感到真正的欣喜，一是我从未见过与我同款的服装，二是我从未有超高的信用卡欠款。

我对20世纪的时装充满了无限的渴望——时尚潮流与设计、时装历史、零售、广告和展览。我收集的不仅有服装和配饰，还有罕见的时尚杂志和书籍。

我的衣橱可谓是一无所有，因为我在那里找不到一丝灵感——对里面的服装没有保留任何值得珍存的回忆，也没有一件服装使我铭记某一特定场合。虽然我居住在加利福尼亚南部的海滨地区，几乎没有寒冬似的酷冷天气，但这依然阻止不了我对独特上衣和开衫毛衣的执著追求，无论是莉莉安、邦妮卡辛、香奈儿、好莱坞的艾琳，还是从新奥尔良到匹斯堡的不知名品牌。20世纪30年代前期出现了一些布料华美、材质优等的新款服装，搭配简单的黑色打底裤、高翻领毛衣、平底鞋或高跟鞋，哪怕在21世纪也能堪称一道美丽的风景线。

　　或许，每个人都在个人服装方面花费巨大。然而，为了一套风格普通的服装花费7000美元（合3800英镑/5500欧元）实则没有必要，而仅花7美元（合3.8英镑/5.5欧元）购买一件风格迥异的服装，那才是创意！任何一位销售员都可能为了赚取更高的佣金为你搭配当下最昂贵的服装。但你要慎重考虑一下，该服装是否属于你的风格。《我们的个性》周刊中的"谁穿最好看"和《时尚警察》中钟瑞沃斯的"婊子偷了我的形象"提醒我们，如果一味地购买当下最盛行的服装，那么你就永远都不可能拥有独特的风格。一类社会丑闻——"穿同款礼服的两个女明

服装模型展示洛莉最爱的服装，时尚性、艺术性十足。

星"，已经被媒体大肆渲染。因此，7000美元（合3800英镑/5500欧元）买得到高档服装，却买不来独占权。然而，不管是在高档商店还是在旧货店所购买的服装，只要能够确保具有独特性就证明该服装物有所值。

　　我梦想中的购物旅程是巴黎到伦敦，途径美国，去感受一下标签出售模式以及郊区稀奇二手店的别样魅力。沿着纽约麦迪逊大街或第五大街一路购物——波道夫·古德曼百货、亨利本德尔、巴尼斯精品百货店、布鲁明岱尔，国际高端品牌数不胜数。此次购物经历是我的梦想旅程，不仅获得了极大的乐趣，而且还存在着丰富的收藏价值。然而，最吸引我的地方要属曼哈顿慈善商店——城市优惠剧院和斯隆·凯特琳优惠商店。巴黎堪称"浪漫之都"、"时尚之都"，聚集着众多高级时装精品屋及古典廉价购物场所，如跳蚤市场等。

　　我没有"复古装"身材——从人类学角度来说，上世纪的女性骨架比较精致优美。外套后部较短，袖口较小。早期服装彰显的是帝国式腰线风格。夹克衫在我看来像是街头手风琴师的一只猴子——袖子太短——所有地方都太短！或许，这就是大剪刀所发挥的作用吧。

高端羊毛及羊绒杰弗里·比尼女装

右图中的染色羊皮绿夹克是在巴黎跳蚤市场上发现的。左图是洛莉最喜爱的传说中的牛仔保罗高提耶龙纹羊毛夹克，选自洛杉矶一家二手店。

外套由长袖缩减为七分袖，我最喜欢的两件短裙（18美元/10英镑/14欧元；15美元/8英镑/12欧元）曾经都是连衣裙——现在注入了创新意识，被修改为分体款式，以迎合我那5′10′′（178cm）的身材，而上衣变为束腰背心。同样，那些长款型、有腋下染点的款型以及低价款型也相应地作了修剪。无论是矫正、掩饰还是重新设计，我都将它们看作是一种技术挑战，并且，如果不拿来穿的话，它们可能会被重整为围巾、披肩或椅枕。

　　我每周都会光顾慈善古装店或转售店。其中有一家圣塔莫尼卡古装店，经营者是那些热爱衣橱的可爱女人，这里可谓是一块宝地，聚集了我最喜爱的时装设计师缪格勒、纪梵希、比尼和高提耶的经典时装。

　　时装是快乐与慈爱的和平鸽。爱好收藏的我还去过美国癌症社会慈善店，出于爱心奉献购买了一套"新绿"复古装马丁·马吉拉的运动装，仅花了11美元（6英镑/9欧元）。在我看来，投身于慈善事业应从小家做起。另一处购物之地是周末庭院交易市场、教堂集市和跳蚤市场。最近的一次购物旅程，我带回了一件1958年的鸡尾礼服，仅花了5美元（3英镑/4美元），该礼服是从该款礼服设计师的女儿那里买来的，这开启了时尚妈妈之间对于珍贵回忆的对话。我最爱的女导演多丽丝戴曾在1959年穿过这款礼服。好莱坞对时装的影响是显而易见的，住在影棚附近的人可以买到仓库里的服装。戏服设计师和时装设计师也可在标签出售时挑选个人的服装。

收藏的关键在于收藏你喜欢的而非你认为有价值的东西。挂在画廊里的一幅受人尊崇的油画提醒我，我的艺术作品也被展示于服装模型上。

我是我自己衣橱的主宰者，每当读《艺术论坛》时，都会发现新兴艺术家；每当读《时尚杂志》时，都会领略到设计大师的奇异灵感。毕

加索和达利都是极其伟大的服装设计师，然而对我具有关键影响力的设计师却是麦克卡代尔、卡玛丽、阿拉罗、卡兰、比尼和高提耶，是他们造就了我的时装天地。同时，影响我的还有荧屏时尚偶像劳伦·巴卡尔、奥黛丽·赫本、玛丽·泰

20世纪60年代的复古装——分体式连衣裙，以及20世纪50年代的准备修整的羊毛衫。

时尚羊毛衫与巴尼斯黑丝短裙的完美搭配，创造了一种有趣而又新颖的特色风格。

勒·摩尔以及现如今的一些戏服设计师，尤其是融古通今的设计天才帕翠西亚·菲尔德。

　　将普通服装变为创意服装是何等有趣啊！没有规程为我而立，我要穿出自己的风格。每次选穿服装时，我都会忆想它的来源之处，然后告诉我的朋友们，让他们真正地理解仅花2美元（合1英镑/1.6欧元）或3美元（合1.63英镑/2.36欧元）购买来的宝贝是何等的物超所值。对于那些依然挂在衣橱里的服装，那些对我有所启发却还未穿的服装，我会摒弃衣橱管理者的咒语——"如果两年之内没有穿这件衣服，那就扔掉它吧！"扔掉它？那些服装仿佛预示着一场即将来临的风险，所谓的风险，无非就是过时。"在衣橱里选择服装"并非衰退的过程，而是循序渐进地重塑衣橱的过程。就像陈酒增值一样，我的衣橱也是如此。

乔安妮·斯蒂尔曼

02

收藏家乔安妮·斯蒂尔曼主张设计的黑色娥佩兰手套，彰显出女性的独特魅力。"我总是喜欢让自己感觉是一个歌剧红伶。"

我想，有的人可能会说我对时装的热爱始于我的童年，事实确实如此。在我一生中，对我影响最大的是姑姑贝蒂。每当夏季，我都会与她一起住在费城，在那里，她教会了我如何参悟设计艺术及收藏艺术。

姑姑是一位不折不扣的风格主义专家。她教给我高级服装与廉价服装搭配的秘诀。寄售商店一直被认为是穷人的购物场所，而她却一门心思带我去那里购物。她在时尚、风格与人生方面的哲学观就是追随能够启发自己的东西，而不是同等人所想要的东西。在追寻时尚与风格的过程中，她总会同我一起分享其中的快乐与惊险，这是她给我的最佳礼物，同时也激发了我对廉价时装的热情。

一番精挑细选之后，最后淘到的那一件，不管是一件T恤衫，或是一顶帽子，还是一双鞋子，都值得你去收藏。时尚是我的艺术世界，时装是我的艺术追求；寻找一件打折的格瑞斯夫人服装，就像卢梭发现不知名作品一样，那是一种追求，一种不懈的追求。由于我生长在洛杉矶，这种追寻过程对我来说相对容易几分。自从搬到费城后，这种追寻变得

乔安妮收藏的最爱：手工刺绣的珠饰裙装

乔安妮收藏的一款时尚晚礼服

更具挑战性。正是这种挑战，才使得我的人生变得如此灿烂多姿，丰富充实。

自从搬到费城郊区之后，我对潜藏财富的发现有了进一步的鉴赏能力。开车穿过乡村，来到一家古物店，一番欣赏之后，发现了一款古老的莉莉安黑色七分袖貂皮圆领外套，这件宝贝的出现丰富了我的购物之旅。这款外套颇有重生力，搭配一款鸡尾酒会礼服或是一件高级毛衣和一条黑色打底裤，完美至臻，魅力无限，性感时尚。每当我选择夹克衫时，每一件都要仔细审视，对比一番。表面上，我可能是在看这件夹克衫，其实我的眼睛一直都在寻找另一件能够激发灵感的宝贝。

我的收藏品愈来愈多，因为我无时无刻不在追寻具有收藏价值的时装宝贝，甚至连我的衣橱都变成了我的追寻之地。一般人都不会很在意自己的衣橱，而我对此却十分注重。我会在庭院交易市场和旧货店里以超低的价格购买到最惊艳的商品。就在前几天，我买了一个粉色丝质复古手提包，仅仅花了2美元（1英镑/1.6欧元）。真的是出乎意料！如此低的价格居然买到了夏季新包！每当我在旧货商店购物时，总会精挑细

一件风格永不过时的外套

选，精益求精，拓宽思想，妙眼识珠。乍一看，可能会觉得无物可买，突然间就会看到一件衣袖奇特的白色衬衫。

　　每当我看到那个性奇特的衣袖，总会想象这件衬衫如果没有衣袖会是什么样子，然后我会像看到金子似的将它一把抓起，迫不及待地带回家，剪掉衣袖，修改一番之后，进行试穿，搭配宽松的马丁·马吉拉卷裹裤，感受不一样的风格魅力。我知道，他们本来就应该像面包与黄油一样搭配在一起。

　　我相信我的姑姑一定会以我为荣，当她看到我与她一样喜欢收藏，一定会欣喜不已。我不仅对这些品牌具有一定的鉴赏力，而且对覆盖版型的粗帆布服装也具有一定的鉴赏力。布料就是粗帆布，纹理、印花和装饰织物都是涂料，那就是使我灵光一现保持警惕之处。收藏时装不是一种兴趣和消遣，而是一种生活方式。无论世事如何变迁，这种生活方式都使我勇往直前；我的收藏品总会带给我无以言表的成就感与满足感。

贝弗莉·索罗门

03

贝弗莉·索罗门和一些她最喜爱的古时包包。下页图为贝弗莉穿着一套部落印花的服装。

我的妈妈是一位时尚设计师，毕业于迈阿密艺术学校。孩时的我，曾研究过她的设计草图，并且花了大量时间观看她那衣橱里的所有漂亮服装和鞋子。从我六岁起，她就开始带我购物。每当购买一件服装时，她都会把服装翻过来给我看缝合线和暗褶，指出手工艺运用的地方，给我解释高级礼服与普通礼服的区别。

这些早期的购物经历是我选择在时尚界立足的主要因素，给予我前进的动力与设计灵感，最终使我成为一位真正的时装收藏家和服装及配饰设计师。

我的首次设计作品是一件华丽的白色婚纱，该时装并不属于高端服装，但上面的配饰确实很珍贵。此外，我还提供了配套的鞋子、腰带、手提包和珠宝首饰。如今，我依然保存着那条项链，还有大部分配套饰品，因为这是我这么多年来最好的设计之作。

在高端百货店及高中的工作经历，培养了我建立社会关系的能力，对服装有了全面了解。甚至是哪种商品列入促销，我都一清二楚。我收

藏了一件香奈儿衬衫和一件阿玛尼首批夹克衫，由于我的百般呵护，至今完好无损。由此，我们知道人与服装是相互作用的，你越是善待它，它越是以最好的方式回报你。

我的一位朋友喜欢在一家高端精品店购物，他邀请我去店主的私人清仓特价店购物，所有的服装均大幅降价，但最终那家店主还是将服装几乎全都捐赠出去了。其实，我并不是那种经常光顾商店的人，所以这种有趣的事情也是偶然遇见。在那段时间内，我所收藏的服装包括一件比尔·布拉斯夹克衫和一件奥斯卡衬衫。

我居住在德克萨斯州奥斯丁市外的大牧场。这里是一片沃土，没有知名的高端商店，却到处遍布着当地的慈善商店。我的丈夫巴勃罗是一位雕刻家，他热爱艺术，总是试图将不寻常因素融入艺术中。大约10年前，我们来到了这个地区。在这里，我寻到了一些漂亮的丝巾。当我仅用1美元购买到价值为300美元（163英镑/236欧元）的爱马仕丝巾时，连我自己都觉得难以置信。自那以后，丝巾成为我的最爱。我曾经花费3美元（1.63英镑/2.36欧元）购买了一条香奈儿丝巾，至今依然是我的丝巾收藏品中最珍贵的一条。

我们每年都去法国。每次出行，我都会轻装上阵，身穿一件黑色牛仔裤和黑色开士米毛衫，手戴黄金手镯，颇显简约大方，而最不可或缺的当属我的丝巾。

由于我的装扮，总是令人误认为是巴黎人。法国人总会因为你每次都穿同样的服装而夸赞你。他们对你的服装款式以及你对服装的独特想法十分感兴趣。由于我们通常都是在秋天或冬天去，所以我总是会穿那件阿玛尼无领风衣，此风衣是我在20世纪80年代淘到的宝贝，仅花了135美元（73英镑／106欧元），而它的原价是800美元（434英镑／630欧元）。小时候，我想要什么就买什么，而现在买的少了；成熟的我，多了一份谨慎，少了一份冲动。如今，每当我购买东西时，总会考虑一下是否适合我的风格，是否会珍惜。在我看来，时装是艺术的另一种形式。

贝弗莉与她收藏的丝巾

丽莎·贝尔曼

04

丽莎·贝尔曼身穿一套红色羊毛套装在她的工作室内。

　　我来自美国中西部的俄亥俄州，也就是著名的"古物圣地"，因此我对古玩古物甚是熟悉，已经习惯了古董陪伴的生活。我家以制作手工艺品为生，这是中西部地区的传统生活方式。在我母亲和她表姐的童年时代，常看一些时尚类杂志，并向她们的祖母请教礼服设计技巧，潜心学习裁剪技术。她们的祖母将一批布铺在饭桌上，边看孩子边裁衣服。我的衣橱里的大多数服装是由我伟大的曾祖母和祖母设计制作而成。她

丽莎身穿她那最爱的朗万鸡尾裙站
在她的肖像前。

们是我们家的高级女装设计师，我觉得一位祖母级人物能够设计出如此
漂亮的服装真的不足为奇，因为在那个时代裁剪服装属于一种再普通不
过的居家手工活，然而，到我这辈这一手艺就渐渐消失了。当我准备为
新衣橱添加时尚服装时，却发现我身上所穿的就是当下最盛行的时装。
20世纪70年代中期，我的母亲经营了一家运动装公司，名叫"即时反
应"，因此，我的童年时光几乎是在加利福尼亚购物中心度过的，用如
今的话说，这个购物中心是零售商样品批发基地。

　　我的母亲是诺玛·卡玛丽的痴迷者，所以，理所当然我是穿着卡
玛丽的服装长大的。孩时的我，不管流行何款服装，我都尽量将其保存
收藏，其中包括罗兹的服装。此外，我母亲所设计的服装我也收藏了几
款，以作纪念。

　　我的这种习惯一直持续到2008年——我女儿出生。我的丈夫不喜欢

婴儿装，也讨厌一位画家，而我在画廊里展示出的几幅画作，画的是手工丝绸织物和手工刺绣尿布兜，正是出自这位画家之手。

　　我收藏了各种具有珍藏价值的物品，服装配饰居多。我不是香奈儿服装的痴迷者，曾经我的一位室友想把香奈儿套装当作租金交给我，但我却收下了她的荷芙妮格休闲裤。我想给予那些潜在收藏家一条宝贵建议：与裁缝师保持良好关系是极其重要的。对于需要重新修改的普通服装，你大可随便找一家干洗店进行裁剪；但对于一些重要的服装，你完全有必要聘请一位专业的裁缝师。

　　我在车库拍卖中寻到了一部分难以置信的宝贝，其中包括一顶价钱

"三宅一生"套装的模型展示

丽莎让她的模型戴上珠
宝以展示搭配独特的纸
质花边披肩。

为3美元（合1.63英镑/2.36欧元）的夏帕瑞丽帽子和一款鲁迪时尚泳装。你能想象得到吗？我在车库拍卖店仅仅花了8美元（合4.34英镑/6.30欧元）就买下了那套鲁迪泳装。与之相类似的一套泳装在2008年克里斯蒂拍卖会上的标价高达2000美元（合1085英镑/1574欧元）。

我尽量不买那些带有污点或明显瑕疵的东西，但如果那件物品真的具有很大的诱惑力，令我无法抗拒的话，我会考虑一下利用胸针或腰带将污点或瑕疵遮盖起来。不过也有例外，那就是我买了一套不能穿的蒂埃里·穆勒套装，作为制作样本。

对于那些很难清理的污点，我会使用酶基毯布和装潢清洁剂。这两样东西可是我的得力助手，至今已成功清理了很多污点，尤其是手包上的污点。

吉娜和萨莎·卡萨维蒂

05

萨莎和吉娜·卡萨维蒂身穿她们所收藏的时装。

　　我对时装的了解始于2006年，当时我离开圣费尔南多谷到达好莱坞，发现运动装和卫衣套装根本不适合这个城市。

　　我真正系统地学习研究时装设计大致追溯到马克·雅克布对我的录用。在一个时装款式多样化与设计风格个性化的服装公司工作，最大的益处就是迫使你寻找最美的时尚焦点，明确你是谁，你想得到什么。通过两年的零售工作经历，蓦然发现我对时装收藏愈加爱好。我迫不及待地想去了解更多关于不同设计师的背景，以及他们的设计风格与独特个性。日新月异的时代造就了愈加珍贵的服装，同时也使收藏价值愈加提升。

　　我的家人工作各异，有演员，有作家，有导演。从小我就受到他们创新意识的熏陶。我的父亲尼克·卡萨维蒂曾经告诉我，拥有一块精致的手表、一副时尚的太阳镜和一双高档鞋是极有必要的。我喜欢这样的收藏品，至今我仍然钟爱于收藏手表。我慈爱的祖母吉娜·罗兰兹曾赠与我一些精致的首饰，多年来我一直将其视为珍宝，甚是心爱。

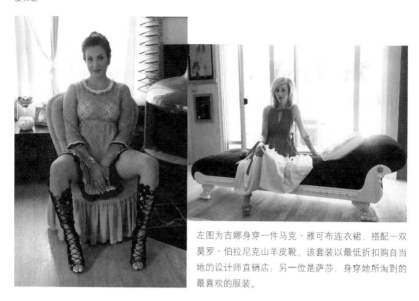

左图为吉娜身穿一件马克·雅可布连衣裙，搭配一双莫罗·伯拉克尼克山羊皮靴，该套装以最低折扣购自当地的设计师直销店；另一位是萨莎，身穿她所淘到的最喜欢的服装。

　　我的第一件时装收藏品来自我那时尚的继母，当时她给了我一件廉价的成衣装和一双崭新的由伊夫·圣洛朗设计的高筒长靴。长靴顶部是黑色的山羊皮，饰有精致的蝴蝶结，大气而不失灵动，成熟而不失俏丽，一直以来是我最钟爱的一双性感长靴。如今，我又着迷于她的另一双时尚女靴，系巴黎世家系列，虽已是五成新，但那独特的魅力却有增无减。

　　每当我旅行时，总会极力寻找那些风靡一时的转售店或二手店。至今，我已淘到了不少宝贝。其中包括价值为40美元（合22英镑/31欧元）的一套漂亮的甜美女孩裙装，价值为95美元（合52英镑/75欧元）的一副巴黎世家太阳镜，以及价值为100美元（合54英镑/79欧元）的马克·雅可布粉色山羊皮靴等等。只要你是有心之人，就必会发现有价之物。我对服装价值的发现与探究始于我前男友的衣橱，当时他将所有已经过时的T恤衫统统给了我，于是激起了我的好奇心。这种做法对那些喜欢购物的人来说无非是一种有益之事，因为最终他们需要为新的服装腾出空间。所以，经营贸易的核心要素是广泛性与开放性，因为很多喜于购物的人也是热爱贸易的人。

我的妹妹萨莎是我的室友，我们两人一起收藏各种宝贝。她是一名化妆师，所以视觉十分敏锐，且在整体陈设方面独有一招。她喜欢将服装与一些特殊物品、磨损的牛仔裤、平角裤和靴子放在一起。大多数都是她从城市外围的二手店里淘来的；为淘到真正的宝贝她不惜花费大量时间去往偏远之地苦苦寻找，她简直就是一位"服装达人"！

作者淘到的部分珍品宝贝：马克·雅可布的红色专利滑雪靴和贝齐·约翰逊的银色蜘蛛夹克衫等。

对于那些欲收藏服装的新手来说，我的建议是：首先了解基础知识。在你准备花费一大笔钱购买一件你可能只穿一次的服装之前，一定要一直等到你仅有几件服装的时候。那时你就会需要一些基本物件和重要物件，比如一条优质的牛仔裤、一件上等的黑色双排扣大衣、一件高档的开衫羊毛衫、一件黑色小礼服或是一双性感高跟鞋。

一件饰有金色珍珠的过时服装，是两姐妹在跳蚤市场淘到的。萨莎建议前往城市周边的古董市场进行市场考察，准备开始经营贸易生意。

苏珊 · 代格里斯

06

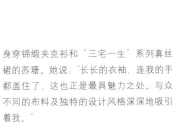

身穿锦缎夹克衫和"三宅一生"系列真丝裙的苏珊。她说:"长长的衣袖,连我的手都盖住了,这也正是最具魅力之处。与众不同的布料及独特的设计风格深深地吸引着我。"

　　在伦敦,我从13岁起就开始购买设计师的服装。时装收藏对我一直具有很大的吸引力。那独特的款式及完美的风格,引人入胜,尤其是那奇特的布料更能激发我的好奇心。多年来,我始终钟爱于时装收藏,也从中悟出了鉴别服装质量的技巧。高级时装与普通时装无论是在外观上还是在手感上都截然不同。如果你想收藏时装,关键就是购买那些对你来说最有诱惑力的服装。在我青少年时期,我就穿着20世纪90年代的饰有珠子的连衣裙,此后几十年,我一直喜欢穿着颇具独特魅力与收藏价值的时装。因此可以说,时装收藏不仅丰富了我的人生,而且还使我的人生充满了飘逸的色彩，变得别样美丽。

我热衷于80年代末期的加利亚诺的作品，以及同时期的川久保玲的作品，因为这些作品的确具有极大的收藏价值，是一个时代的代表与象征。最近，我购买了一款茅斯小姐设计的晚礼服，那精美至臻的设计风格是那样的令人爱不释手。其实，茅斯并不是一位时装设计师，但她在70年代时就在英皇大道上创建了自己的时装店，专为她的流行歌手朋友定制时尚服装。

我住在伦敦市中心以外的一条船上，上面陈列着几个特殊材质的橱柜。软垫衣架上还排列着很多珍品，怀有强烈好奇心的我用纸巾包起了几样，以作收藏。在我还未搬到船上的时候，由于衣橱受到了蛀虫的侵袭，导致近乎一半的服装都成为废弃物。这种损失是致命的，令我感到十分气馁，因为时装对我来说极为重要。如今，蛀虫已不是主要问题。但在船上，水是毁坏物品的罪魁祸首。

我与儿子讨论关于资产的过程中，我向他展示了一些我认为很有收藏价值的时装，并告诉他哪些是我不舍得捐赠出去的。他合计了一下，发现这些东西价钱不菲。也就是从那时起，我才打算为我的服装投保险。除了应有的内容之外，我的保险代理人又附加了一条水渍损失保险项目。

巴黎世家套装是我最喜欢的时装之一，该套装恐怕唯有我喜欢吧。当我穿上这款套装时，没有得到任何人的赞赏，它虽然款式小巧，但价格却有几千英镑。我曾经被别人称作〝老古董〞，这是英国的一个俚语，代表那些对别人毫无兴趣的东西很痴迷的人。

我的收藏战略是购买早期时代的服装，或是设计风格日渐过时的服装，又或是去年盛行的服装。最近，我开始挑选90年代后期的一款流行的简约风格时装，该时装出自一位备受推崇的设计师之手。时装即是如此，昨天所盛行的时装哪怕质量再好，其价格也不会很高。当一些服装看起来不再那样完美时，将其收藏10年，等到此类风格回归时，这些时装的价值就会大幅度提升。

一款苏珊最爱的花式裙装，其内衬几乎是完美无瑕。椅子后面是一件牡蛎色的晚礼服，绣有比尔·吉布斯设计的圆盘。

一件经典的红色夹克衫

黛博拉·伍尔夫

07

黛博拉是琼·缪尔的忠实粉丝。从20世纪60年代开始，她就拥有很多与琼·缪尔同款的服装。图中的服装是一款60年代早期具有米尔商标特色的迷你豹纹装。黛博拉喜欢想象安妮塔·帕里博格和玛芮安妮·菲丝弗穿上该套装后其背面的迷人风姿。

从13岁起至今，我已有30多年的收藏历史。我的收藏起点可以追溯到20世纪70年代，其中一些薇薇恩·韦斯特伍德、让·保罗·高缇耶和几位日本设计师的设计作品是从80年代起收藏的。才华横溢的设计师、最新的设计之作与独特的设计风格无时无刻不吸引着我。但最令我着迷的则属这些服装的裁剪技艺与工艺奥秘。

当我还是青少年时，我就有意识地在旧货摊上挑选我所感兴趣的过时服装。那时，我们把那些过时的东西称为"二手货"，当然，你在街道市场或慈善店里都能够淘到过时佳品。

伦敦百货商店的促销特价区在过去是极为受欢迎的，因为那些促销商品物美价廉，尤其是促销日的下半天，价格会更为便宜。在那里，我发现了不少有价值的物品。然而，这些天却不同于以往，促销之列中的

商品均不是所谓的价值品，所以我现在也就不再光顾那里了。

毕业离校后，我先后在电视台、电影公司、广告公司和音乐制作公司工作过，最后成为了一名英国音乐制作方面的资深创意师。在那漫长的岁月里，造型设计与制订设计方案成为我工作的重要内容，这也正迎合了我对购衣与藏衣的浓厚的兴趣爱好。

我从音乐制作公司休了几天假，开始着手处理旧货问题，准备拍卖一部分收藏品。在学校时，我曾利用一个周末市场摊位来拍卖我的收藏品。虽然这些收藏品实有必要处理一部分，但这样做真的令我十分痛苦。

2007年秋季，巴黎伦敦1947—1957年经典时装黄金周展会期间，维多利亚与阿尔伯特博物馆请我为他们指定的礼品店提供一部分过时服装。也正是从那时起，我所收藏的时装飞速升值，并创建了一家黛博拉·伍尔夫旧装店。但是，首先也是最重要的一点是——我是个收藏家，不是转售时装代理商。

购买服装时，既不能贪图便宜，亦不能大批购买，精挑细选才是明智之举，精益求精才是惠财之道。

若想从我的收藏品中挑选出一种最为珍爱之物并不简单，因为上等之物实在太多，根本无法选择。其中，60年代的最爱之物是一件琼·缪尔的迷你山羊皮裙，那迷人的

款式简直令人爱不释手；70年代的最爱之物是一件摇滚风格的人造豹纹夹克衫。那个时代所有的流行歌手如马可·波兰、布莱恩·伊诺等都曾身穿此款夹克衫登台表演，搭配炫彩的舞台鞋和闪亮的紧身裤，光彩绚目，散发极致魅力。

收藏的关键在于购买自己喜欢的东西。如果某件服装因为太小或太紧致而不能穿的话，就把它作为收藏品陈列起来吧，那样你就会永远珍视它的存在。

城市购物指南

07

"我购物，因此我是芭芭拉·克鲁格"

购物不是目的，而是过程。每当购买过时服装或转售服装时，都要谨记这并不是一次徒劳之旅。购物之旅是那样丰富多彩，当你走进服装店或登录访问它们的网站或博客时，你都可以获得完美的视觉享受，感受店主的欣赏水平，以提升自己的个人修养与审美能力。此外，你还可以饱览来自世界各地的历经长期考验的收藏珍品，领略独特时尚的混搭风格等等。当你为自己购买服装时，切莫急于寻找最后一件东西，因为你是在真正地"造就"你自己的衣橱。当一个人说："我不再需要任何服装了"，那就证明她已经获得了成功。然而，当你继续寻觅宝贝并向已经选好的服装添加装饰品时，你依然会从中获得乐趣。

图例：

DR—设计师转售店　　　SD—特殊折扣店
V—复古装店　　　　　　SS—专卖店

过时的威廉套装

商店按字母顺序排列；图例指定商品的种类及其不同载体店面，如复古装店、设计师转售店、特殊折扣店（提供设计师的打折商品）和专卖店（通常和母公司在一起）等等。

洛杉矶

每次提到购物，下至廉价服装，上至红地毯昂贵裙装，洛杉矶都是必选之地。名人衣柜会提供一份洛杉矶最好的转售店详细名录，包括内曼·马库斯、萨克斯第五大街和巴尼斯纽约精品店在内的高档零售商，均可提供诸多顶级服装品牌。凡是列入全年主要商品目录的，很明显一旦被陈列出来就很值得发现。溢价批发商店定位在行驶距离之内，专卖店销售所有的补足物，复古装店珍藏着这片领域的宝藏。

设计师转售店和复古装店

区域时装店（设计师转售）

威尔希尔小道1116号

圣塔莫尼卡，CA 90401

(1) 310 394 1406

www.theaddressbouttique.com

addressboutique@earthlink.net

店主莫林·卡尔文自1963年起就经营此业务。她通常光顾那些有明

时装精品店

确店名的地方，为自己的服装店储货。按颜色排列，你会发现普拉达、卡沃利、古奇、王薇薇、香奈儿和阿玛尼等品牌，请记得，一定要看一下高级泳装区及促销商品哦。

服装天堂（设计师转售）

联合大街以东111号

帕萨迪纳市，CA 91103

(1) 626 440 0929

www.clothesheaven.com

@ClothesHeaven

服装天堂创建于1983年，紧临帕萨迪纳市的古雅大街，提供一系列全尺码的欧洲、美洲及日本设计师如古奇、普拉达、安·迪穆拉米斯特、唐娜·卡兰、迈克·柯尔、三宅一生、山本耀司、拉瑞恩·布兰农等的名牌时装。专营香奈儿的业主收藏了众多香奈儿商品，高级时装包居多。促销商品的价格都是原价的一半，此外还有一个红利商品价，为29美元（合15英镑/23欧元）。

服装天堂

同仁店（复古装及设计师转售）

皮可林荫大道3312号

圣塔莫尼卡，CA 90405

(1) 310 396 7349

http://thecolleagues.com

info@thecolleagues.com

同仁店始于1950年，是由一小组女人共同经营的非盈利慈善组织。她们的宗旨为"用博爱贯穿时尚"，自始至今已经募捐了数百万款项用来支持儿童机构和帮助拯救洛杉矶受虐待儿童。该店拥有从镇上最好的衣橱柜里募捐来的设计师时装。罕见的马腾、布拉斯、迪奥、圣罗兰、阿道夫、加拉诺斯和奥斯卡、埃克瑞斯、香奈儿、杜嘉班纳、古琦在一个柜子里。成排的设计师鞋子、一盒盒的人造珠宝、皮草、丝巾和帽子都是自20世纪40年代至今的收藏。这些发现和它们的起源同样很吸引人。所收藏的男装也具有同等高质量。什么价位的都有，在3月、6月和12月还有让人拭目以待的特价销售呢！

十年店（复古装和设计师转售）

梅尔罗斯大街 8214 1/2号

洛杉矶，CA90046

(1) 323 655 0223

www.decadesinc.com

info@decades.coom

@Cameron Decades

　　"楼上楼下"是十年店的主题，席尔瓦和克里斯托斯·加尔奇诺斯是这种风格店的强大后盾。在十年店内，不难发现让·巴杜、夏帕瑞丽、薇欧奈以及加拉诺斯的精品杰作。楼下，有当代时装和设计师品牌。十年店会在全球举办服装品牌展览会，同时你也可以在伦敦的多弗大街市场参观它们的专卖店。

十年店

高来埃斯特（设计师转售）

拉布雷亚大道 136号

洛杉矶，CA 90036

(1) 323 931 1339

www.facebook.com/pages/Golyester

埃丝特·金斯伯格，洛杉矶地标性商场背后的女人，收藏了很多古代的织物、鞋子、包包和帽子，配着20世纪每个年代的时装。作为一个具有独特风格的收藏家，埃斯特从喜爱时尚的女人中培养了一批追随者，包括好莱坞造型师、服装设计师和所有在衣着上标新立异的人。店名已经表示得很清楚了——"天啊，埃斯特！"——这个店太好了。

大品牌店（设计师转售）

威尔希尔大道 1126号

圣塔莫尼卡，CA90401

(1) 310 451 2277

www.greatlabels.com

安德莉亚·沃特斯，这种明智编排店的业主，她的名字描述得非常到位："大品牌承载最新款的鞋子、包包、珠宝和配饰，置身店内，足以令你忘乎所以！"50％甚至是70％的大降价，价格如此低的商品常

被一抢而空，诸多消费者欲想获得更多！此外，香奈儿、鲁布托、杜嘉班纳、普拉达、JPG还有更多超值精品等你拿！

莉莉安和克利夫兰店（复古装和设计师转售）

波顿路 9044号

比佛利山庄，CA 90211

 (1) 310 724 5757

www.lilyetcle.com

info@lilyetcle.com

莉莉安和克利夫兰店隐居在绿荫大树之后，若不知此处，则会极易

莉莉安和克利夫兰店

错过。一旦走入店内，迎接你的是一系列奢华古典的高级精品时装，其中包括伊曼纽尔·温加罗、让·巴杜、拉克鲁瓦和香奈儿等等。丽塔·瓦特尼克负责经营这片高级时尚圣地。她在20世纪发明的高级时装有一半还未穿过。仅有一款代表服装的有格雷夫人、让·德塞和纪梵希，搭配各色珠宝，甚显贵气。若是想去，建议你提前打电话预约。

纸袋公主店（复古装和设计师转售）

奥林匹克西大街 8818号

比佛利山庄，CA 90211

(1) 310 385 9036

纸袋公主店

www.thepaperbagprincess.com

www.facebook.com/pages/The-Paper-Bag-Princess-Vintage-Couture

@princesspaper

踏入伊丽莎白·梅森时装店，仿佛走进了传说中的时尚宝藏区。装饰宏伟的店铺就像是一间一间的迷宫，其中有一间专门用来陈列阿莱亚、伊夫·圣洛朗等知名设计师的复古新娘礼服。一家私人沙龙保存着高级时装，提前预约后可以前去参观。网上购物的两种方式是：eBay和1st Dibs.com。梅森是该项目的注册评估师和两本书的作者：《昂贵复古装》、《抹布大街纪实》

PJ 伦敦店（设计师转售）

圣文森特大街 11661号

洛杉矶 CA 90049

(1) 310 826 4649

www.pjlondon.com

pjlondon@aol.com

紧邻富有的博利屋店，业主菲利斯·戴维斯之前是一个时尚造型师，有一点儿专注于酒会礼服。她的衣橱里把当代设计师的时装如斯特拉·麦卡特尼、德赖斯·范诺顿和非当代设计师的时装如杜嘉·班纳、芬迪、迪奥分开了。她还收藏了一些好的鞋子、包包和珠宝。这些东西每年只有四次促销，价格是正常转售价格的60%，分别在1月、4月、7月和10月。

PJ伦敦店

风格店（复古装和设计师转售）

拉布雷亚大道 334号

洛杉矶，CA 90036

（1）323 937 0878

www.thewaywewore.com

thewaywewore@sbcglobal.net

@TheWayWeWoreLA

自18世纪以来，我们穿出的风格已经有一百万多件复古装、设计师

风格店

时装和高级时装。2004年
由鉴赏家多丽丝·雷蒙德
建立。这个多彩而古怪的
精品店的第一层是按照年
代来排列的。丰富多样的
配饰吸引你眼球的同时，
令人垂涎的时装和设计师名牌从顶楼交相辉映。一定要抓住一月和七月
时的促销机会哦，到时这家店所有的配饰都将五折销售。

巴尼斯纽约精品店（专卖店）

威尔希尔大道9570号

比佛利山庄，CA 90210

（1）310 276 4400

www.bameys.com

www.facebook.com/bameysNY

@BameysNY

比佛利山庄巴尼斯纽约精品店在正常销售的同时，每年的清仓促销
中会有减价时装圣盘，在那里你能找到5折至75折的减价时装。这种促销
原来是在桑塔莫尼卡机场的机库里举行，但是现在它的总部坐落在洛杉

矶会展中心。请密切注意紫色卡片促销：不同的消费层次有不同的礼品卡奖赏。如果想更节省的话，就查一下距离大约一两个小时车程的三个批发商店。

巴尼斯纽约精品店（特殊折扣店）

卡马里奥溢价批发商店

凡吐拉大街以东 740号，710号套房

卡马里奥，CA 93010

（1）805 445 1123

巴尼斯纽约精品店（特殊折扣店）

沙漠山溢价批发商店

塞米诺大街 48400号，128号套房

卡巴松，CA92230

（1）951 849 1600

巴尼斯纽约精品店（特殊折扣店）

卡尔斯巴德溢价批发商店

帕西欧戴尔诺尔特大街5620号，100-D号套房

卡尔斯巴德，CA 92008

（1）760 929 600

内曼·马库斯的最后招待店（特殊折扣店）

卡马里奥溢价批发商店

凡吐拉大街以东740号，1350号套房

卡马里奥 CA93010

（1）805 482 4273

www.lastcall.com

@LastCallNM

内曼·马库斯的最后招待店（特殊折扣店）

沙漠山溢价批发商店

塞米诺大街 48400号，720号套房

卡巴松 CA 92230

（1）951 922 9009

收藏一些最高价格为其正常零售价7折的品牌时装如巴杰利·米施卡、巴尔曼、杜嘉班纳、唐娜·卡兰等等。留意各色品牌店的大篷车促销品名录。在网上购物或者去他们在洛杉矶周边位置的两个较大的精品店，这一带的溢价批发商店大都位于距离洛杉矶车程大约1小时以外的地方。

雷曼店（特殊折扣店）

圣·拉·西埃内加大街 333号

洛杉矶，CA90048

(1) 310 659 0647

www.loehmanns.com

@loehmanns

在雷曼店最里面的一间，可以找到3折至65折的高端品牌。

设计时装，如卡尔文·克莱恩、唐娜·卡兰、华伦天奴和杜嘉·班纳等等。他们有40家店分布在美国的11个州。在他们的网站上你可以以"It's This Week"为引擎搜到额外的折扣和选择。

诺德斯特龙货架店（特殊折扣店）

Shop.nordstrom.com/c/Nordstrom—rack

@nordstrom_rack

在洛杉矶周围五家中的诺德斯特龙货架店逛其中一家，正常来说，会发现打55折至75折的商品。诺德斯特龙货架店有一个时尚回馈活动可以赢得代金券。商品主要来自他们的主店面，一周中存一次货之后就会被调至折扣区；只需问一下销售员第一次选购是哪一天即可。好东西没得很快，所以谁去得早谁就有可能得到那个波拉尼克。

诺德斯特龙货架伯班克帝国中心店（特殊折扣店）

维多利亚北大街 1601号

伯班克，CA 91502

（1）818 478 2930

诺德斯特龙货架格兰岱尔时尚中心店（特殊折扣店）

格兰岱尔大街以北227号

格兰岱尔，CA 91206

（1）818 240 2404

诺德斯特龙货架贝弗利链接店（特殊折扣店）

拉·西埃内加大街以北100号

洛杉矶，CA 90048

（1）323 602 0282

诺德斯特龙货架托潘加店（特殊折扣店）

维多利亚大街 21490号

伍德兰德岗，CA 91367

（1）818 884 6771

诺德斯特龙货架在霍华德休斯中心的舞会店（特殊折扣店）

中心街 6081号

洛杉矶，CA 90045

（1）310 641 4046

溢价批发商店（特殊折扣店）

www.premiumoutlets.com

@premiumoutlets

在像杜嘉·班纳、迪奥、唐娜·卡兰、乔治·阿玛尼、古奇、迈克·柯尔、萨瓦托·菲拉格慕、范思哲、伊夫·圣洛朗等众多品牌的相互碰撞中，溢价批发商店是一个一站式商店，主要提供廉价的设计师时尚精品。他们有一个旅游办公室可以为提前联系该批发店的客户群提供15%甚至更多的VIP折扣价。美国汽车俱乐部成员只要参观这个店的管理办公室，出示一下他们的会员证，就可以得到VIP折扣。收到一个VIP折扣券本就可以在网上买到礼品卡。在洛杉矶周围大约1小时车程以内有两家溢价批发商店，你可以自己去选择哦。

卡马里奥溢价批发商店（特殊折扣店）

凡吐拉大街以东740号

卡马里奥，CA 93010

(1) 805 445 8520

沙漠山溢价批发商店（特殊折扣店）

塞米诺尔大街 48400号

卡巴松，CA 92230

(1) 951 849 6641

卡尔斯巴德溢价批发商店（特殊折扣店）

帕西欧戴尔诺尔特大街5620号，100号套房

卡尔斯巴德，CA 92008

(1) 760 804 9000

萨克斯第五大道精品百货店（专卖店）

威尔希尔小道9600号

比佛利山庄，CA 90212

(1) 310 275 4211

www.saksfifthavenue.com

@saks

当商品打折的时候，在萨克斯第五大道有很多机会可以找到廉价时装。请留意他们的"朋友与家人"2折折扣促销，网上促销，查看一下会员活动，这可以为引导领取礼品卡提供特权、优先服务和指点。

萨克斯第五大道末尾五号店（特殊折扣店）

http://off5th.com

@saksOFF5TH

末尾五号店有60家店分布在美国23个州，设计师大品牌在母体店萨克斯第五大道末尾五号店提供大幅折扣。另外会员活动会提供额外的奖励、津贴和折扣。两个店址都在城市周围车程1小时左右的位置。

萨克斯第五大道末尾五号店（特殊折扣店）

卡马里奥溢价批发商店

凡吐拉大街以东740号，1400号套房

卡马里奥，CA 93010

（1）805 987 4475

萨克斯第五大道末尾五号店（特殊折扣店）

沙漠山溢价批发商店

塞米诺尔大街 48400号，306号套房

卡巴松，CA 92230

（1）951 849 8415

纽　约

纽约已经不需要介绍了，因为它是美国时尚界的心脏，也是国际时尚零售平台上的明星阵地。最大的财富和萌生的创意存在于曼哈顿区。有很多购买最佳商品的时尚客户、繁荣的转售及复古生意都聚集在曼哈顿。很多设计师转售店承载着精选出来的、但是有限的、可以被融为任何一种复古追寻种类的收藏品。由于新的商品与日俱增，所以这些商店在建造衣橱使命的过程中应该有定期的停业现象。每一个店都以拥有知识渊博的、性情随和的员工为傲。过多的慈善节俭店使得选择更多了，因为在曼哈顿，一个节俭店通常容纳富有的捐赠人的很多宝贝。

设计师转售和复古装

BIS 设计师转售店（设计师转售）

麦迪逊大街1134号

纽约，NY 10028

(1) 212 396 2760

www.Bis-Designer-Resalecontact@bisbiz.com

这个优雅舒适的寄售店里有鞋子、包包、套装、分体式泳衣等等很多东西，所有的东西都来源于最受欢迎的品牌店如波拉尼克、威登、璞琪、马克·雅可布、古奇等等。他们把店面编排得如此用心以致于在其中购物感觉就像在一个零售精品店里快乐地寻宝一般。BIS的价格最高是零售价的90%。

设计师转售店（设计师转售）

第81号大街以东324号

纽约，NY 10028

(1) 212 734 3639

www.Designerresaleconsignment.com

设计师转售店，由默娜·斯科勒建立，专营女式时装和配饰。自1990年起从一家店拓展到紧挨着的六家上流社会店面，确实证明了它时尚精品的高质量，也被客户亲切地夸为"81号大街上的奇迹店"。绅士转售店是在1992年开张的，作为唯一的一家专营男士时装的寄售店维持着它的地位。

左图：设计师转售店
右图：BIS设计师转售店

安可店（设计师转售店）

麦迪逊大街1132号, 二楼

纽约, NY 10028

(1) 212 879 2850

www.encoreresale.com

encore1nyc@aol.com

麦迪逊大街排列着很多设计师零售样品店。顺着这条街走的时候, 一定要去看一下二楼的窗口, 在那里你就会看到安可店 (1954年建) ——一个最新、最时尚、最高雅的设计师时装、配饰和鞋子的天堂。如果你在寻找一些当代的品牌如香奈儿、爱马仕、古琦、普拉达、缪缪、玛尼、巴黎世家等等, 你肯定能找到的。货架上还有一些特殊的复古装。

房产旧货店——切尔西（设计师转售和复古装）

17号大街以西 143号

纽约, NY 10011

(1) 212 366 0820

房产旧货店——格拉梅西（设计师转售和复古装）

23号大街以东 157号

纽约, NY 10010

(1) 212 529 5955

www.housingworks.org

　　由于很多慷慨的捐赠者都向房产旧货店———一个社会救助型服务组织贡献时装、配饰（及更多东西），所以这种店真的非常高档。除了一个分立的储书咖啡店外，"时尚行动"一天就收集了150种品牌，成为一次重大的购物和捐赠经历。通过查阅网站housingworks.org/locations/category/thrift—shops可以找到10多家在曼哈顿和布鲁克林的二手店。

艾娜店（设计师转售）

www.inanyc.com

艾娜呐夫店（设计师转售）

布里克街15号

纽约，NY 100112

(1) 212 228 8511

lnanoho@inanyc.com

艾娜女装店

艾娜索霍店（设计师转售）

汤普森大街 101号

纽约，NY 10012

(1) 212 941 4757

lnasoho@inanyc.com

艾娜诺利塔店（设计师转售）

王子大街 21号

纽约，NY 10012

(1) 212 334 9048

inanolita@inanyc.com

艾娜上城女式店（设计师转售）

73号街以东 208号

纽约，NY 10021

(1) 212 249 0014

lnauptown@inanyc.com

艾娜·伯恩斯坦于1993年建立了第一家艾娜店，这块顶级时装、配饰和鞋子的领地逐渐发展成五处必看之地。王子大街上的那家店只卖男式设计师转售服装，布里克街上的店既有男式的也有女式的。显然，艾娜店在时尚界已经存续了30多年，由于它把罕有的新设计师作品摆在一起，所有商品都是从样品间精挑细选出来的，还有一些限量版的精品或风行一时的时尚短裤，因而被认可为伟大的时装店。为了真正地充实自己的衣柜，艾娜店也发行了自己的商标。

服饰店（设计师转售）

麦迪逊大街 1045号，二楼

纽约，NY 10021

(1) 212 517 8099

www.laboutiqueresale.com

jon@laboutiqueresale.com

服饰店（设计师转售）

莱克星顿大街 803号，二楼

纽约，NY 10065

(1) 212 588 8898

服饰店（设计师转售）

81号大街以东 227号

纽约，NY 10028

(1) 212 988 8188

服饰店，作为上东区的主流，在商业界已经存续了15年。它们广泛的恒久的经典存货——香奈儿、爱马仕、迪奥，还有其他几个品牌如：德赖斯·范诺顿、斯特拉·麦卡特尼、珂洛艾伊、薇薇恩·韦斯特伍德、三宅一生等优雅地挂在一起。一定要去参观一下二楼哦！

MAD复古装和设计师转售店（设计师转售）

87号大街以东167号

(1) 212 427 4333

Info@madvintagecouture.com

madvintagecouture.com

画廊一般的背景中衬托着艺术般的精品，包括杰弗里·贝尼、华伦天奴、德赖斯·范诺顿、巴杰利·米施卡、香奈儿等等。这家店是2005年开张的，有很多精品是从前纽约艺术商那里精选出来的。她在美术、时尚和管理方面的背景才艺完美地融合应用到了这家漂亮的店里。

迈克·柯尔店（设计师转售店）

麦迪逊大街1041号

纽约，NY 10075

(1) 212 737 7273

www.michaelsconsignment.com

www.facebook.com/century21store

这家女式时装寄售店里圣罗兰、高斯、鲁布托、普拉达、香奈儿还有其他品牌全都按零售价的65％出售。1954年起，这个多代同堂的家庭已经拥有了转售的血液。当代业主迈克·柯尔的女儿和孙女经营着这家高端时装店。你肯定会喜欢他的哲学——"不用花一百万，每一个女人

迈克・柯尔店

都可以而且应该看起来像个百万富婆。"

纽约市娥佩兰旧货店（复古装和设计师转售店）

23号大街以东222号

纽约，NY 10010

(1) 212 684 5344

www.nycopera.com/thriftshop

thriftshop@nycOpera.com

娥佩兰的活动十月秋季古装店，二月春季预览店和六月戴维斯店只是巩固了现存的已经非常完美的复古装和设计师时装精品。不要让"旧货"这个词误导了你，因为高端的复古装和时装、当代时尚精品和配饰都是相当昂贵的。坐落于时尚的格拉梅西，这种二流的时装店为林肯街上纽约市娥佩兰店的时装创造带来了可观收益。

纽约市复古装店（复古装）

25号大街以西117号

纽约，NY 10001

(1) 212 647 1107

newyorkvintage.com

info@newyorkvintage.com

走进这家精美的切尔西样品间就像踏入了古代。你可以受到时尚历史的视觉教育，同时这家店还会给设计师和造型师等一类人提供灵感。一个5000平方英尺的档案馆所拥有的私家珍藏，你只能借或约定来看。如果想要为你的衣橱找一件个性化精品的话，那么这家店是你最受教育

纽约市娥佩兰旧货店

和灵感碰撞的地方。

复兴纽约店（设计师转售和复古装）

莫特街 217号

纽约，NY 10012

212 625 1374

www.resurrectionvintage.com

凯蒂·罗德里奎兹和马克·海德卫1996年建立了这家时尚复古装转售店。凯蒂是一个独具风格的设计师。价格是发明价范围之内，但是他们的2天限时抢购充实了口袋中紧缺的盘缠。

尖叫咪咪店（复古装）

拉菲尔街 382号

纽约，NY 10003

212 677 6464

screamingmimis.com

sales@screamingmimis.com

这个创意店就是能够给你的衣橱里添加惊喜的地方，可以是一件大衣、一个包包、一件珠宝或是一件礼服。劳拉·威尔斯和比夫钱德勒在20世纪70年代开了这家店，这是一个纽约的机构，来这里消遣娱乐的顾客使它出了名。

尖叫咪咪店

　　它专营20世纪50年代至90
年代的复古装。威尔斯还为这
家店雇佣了造型师，所以时尚
教育在当时虽然无味却是真实
存在的。至于投入的精品件，
都存在于一间特殊发现品的私
人阁楼里。他们的易趣店和网店全天候营业。

回转第二次（又名STA）店（设计师转售）

纽约，　NY+11 州

www.secondtimearound.net

www.facebook.com/pages/Second—Time—Around—111—Thompson@
STAconsignment

　　回转第二次，又名STA，确实名副其实：转售变为高档次。STA是一
家溢价托运公司，在35年的历史中，有25家时装店分布在11个州。每一
家店都储藏着新的和崭新的转售时装。他们了解周围邻居的人口情况，
所以以一个设计师寻宝的名义去参观很多在曼哈顿的店是非常有意思
的。STA利用它的小明星凯西·格里芬在电视剧领域获得了国家级成就，
“时尚猎人”把转售品推向了大众。

莱克星顿分店（设计师转售）

莱克星顿大街1040号

纽约，NY 10021

212 628 0980

汤普森分店（设计师转售）

汤普森大街 111号

纽约，NY 10012

212 925 3919

莫特分店（设计师转售）

莫特大街 262号

纽约，NY 10012

212 666 3500

百老汇分店（设计师转售）

百老汇大街 2624号

纽约，NY 10025

212 666 3500

第7大街分店（设计师转售）

第7大街 94号

纽约， NY 10011

212 255 9455

凯特琳癌症调研中心旧货店（设计师转售和复古装）

第三大街1440号

纽约，NY 10028

212 235 1250

Mskcc.convio.net/communities_thrift_shop

纽约人周知的"波道夫旧货店"、"凯特琳癌症调研中心旧货店"绝不仅仅是旧货店。在这里，慈善遇到了时尚，你可以以低廉的价格买到漂亮的托里·伯奇、古琦、埃雷拉和华伦天奴时装的同时，也为该中心引入了一百多万美元的资金收入。无私的志愿者组织还会举行8月份年度秋季开张促销。

凯特琳癌症调研中心旧货店

春季促销大众店（设计师转售和复古装）

百老汇大街以西 351号

纽约，NY 10013

212 343 1225

www.whatgoesarounddnyc.com

一走进这家店，你就会看到店主喜欢的时装。合伙人杰拉德·马龙和赛斯·维塞尔都是真正的收藏家，他们收集了17年的几千件复古精品。走进那家在百老汇大街西边的店就像走进了另一个时代，那里来自10000平方英尺地方的精品汇集在一起。

特殊折扣和特价区

21世纪店（特殊折扣店）

考特兰德大街 22号 A座

纽约，NY 10007-3117

212 227 9092

www.c21stores.com

50年来，21世纪店一直都是专注于寻找高端品牌购物者的必选之地，高端品牌如杜嘉班纳、川久保玲、高提耶还有很多售价都是最高六五折。从扎格特那里21世纪店以其低廉的价格在所有纽约市店面里赢得了至高的地位。拓展带有咖啡店的旗舰店和增添更多购物的便利设施的计划会使得这家店更受消费者欢迎和青睐。

罗博曼店（特殊折扣店）

第七大街 101号

纽约，NY 10011

212 352 0856

www.loehmanns.com

@Loehmanns

罗博曼店（特殊折扣店）

百老汇大街 2101号

纽约，NY 10023

212 882 9990

罗博曼店有全新的、半价高质量设计师时装和大大低于零售价的知名品牌物品，确实值得光顾。里屋有国际知名的高端设计师时装如杜嘉班纳、卡尔文·克莱恩、唐娜·卡兰等等。

柏　林

柏林，一个高度现代化和快节奏的城市，吸引着各色各样的人群，营造了充满生机的文化氛围。这个欧洲动力室的零售业有持续不断的新品加入，通常美其名曰"一级二手货"。这些确实是转售商品或过去按至高设计师时装价购买的寄售品，其价格要比在欧洲其他城市的店里便宜很多。

复古装和设计师转售店

柏林莫代恩斯蒂塔特店（复古装和设计师转售）

撒玛利亚大街 31号

弗里德里希斯海因，10247 柏林

（49）30 420 190 88

www.berliner-modeinstitut.de

这家二手店大部分是复古精品，偶尔能看到一些设计师转售商品，所以绝对值得光顾。

戴斯幻施瓦茨店（复古装和设计师转售）

木兰街 37号

米特区，柏林

（49）30 278 744 67

www.dasneueschwarz.de

戴斯幻施瓦茨店，坐落于柏林一条重要的时尚街上，储藏了知名品牌薇薇恩·韦斯特伍德、拉夫·西蒙斯、本哈德·威荷姆和马丁·马吉拉的鞋子、包包、独家复古设计师时装和新时装。其网店也为你找到有趣的东西提供了便利。

服装店（复古装和设计师转售）

李聂恩大街 204—205

米特区，10119柏林

（49）30 284 777 81

www.garments—vintage.de

该店里的服装按照气氛、颜色和风格分开。有独立的配有一些顶级商品的女式专区，那些耀眼的配饰肯定会让你眼花缭乱的。这里也有各种各样的戏服和适合特殊场合的礼服。价位基本在特价和成本价之间。

胡玛纳店（复古装和设计师转售）

法兰克福站 3号

弗里德里希斯海因，10243柏林

（49）30 422 201

www.humana—second—hand.de

紧挨着动物园，胡玛纳店以令人惊讶的好价格售卖高档服装。皮草、靴子、鞋子、包包、数不尽的毛衣和大量的男装应有尽有，3—7欧元（合4—9美元/2—5英镑）或50—60欧元（合64—76美元/34—41英镑）就能买到一件很好的人造皮草或皮夹克。无需多想，一个人从这个店里出来就能从头到尾装扮成一个波西米亚人的样子。

胡玛纳店

堪堪构风格店——书店与咖啡店

绿堡街90号

弗里德里希斯海因，10245柏林

(49) 52 289 421 93

kultur@kankangou.de

这家书店与咖啡店的联合店主要是低价销售20世纪70年代至90年代的男女式服装。

第二声部店（设计师转售）

莫森街61号

10627 柏林

(49) 30 881 22 91

www.secondoberlin.de

第二声部店，像很多柏林二手设计师转售店一样，有个座右铭："一级二手货"。这家店似乎把这个座右铭做到了心里。这家店储藏着很多二手的设计师转售商品。新的商品也源源不断地流入，所以非常值得光临。

17号店（复古装）

斯坦因街 17号

米特区，10119 柏林

(49) 30 544 82 882

www.XVII—store.com

这个米特区的店不容错过。这里物品齐全：从疯狂的蒂埃里·穆勒复古先锋时装到似乎是从老祖宗的阁楼里挑来的五花八门的精品。17号店是一家私人的、非传统的童话式复古装店，到处布满了蜡烛和旧时跳蚤市场的家具。看到漂亮的70年代的礼服、80年代哥特风格的皮革、60年代东方风格的东西都会令人回忆起卡尔·拉格菲尔德和伊夫圣罗兰的马拉克什时期。

歌唱画眉店（复古装）

桑德街 11号

克鲁斯卡林，12047 柏林

www.singblackbird.com

这个小时装店正位于最新克鲁斯卡林时尚区的中心地带，克鲁斯卡林时尚区坐落于克罗伊茨贝格和纽卡林的边界地带，在施普雷河的一条运河边上。由于很多商品都是设计师精品，所以价格也会相应地随之浮动。这家店也会组织月度跳蚤市场、经典影片放映和经典音乐会放映活动。

垃圾时尚店（复古装）

温立氏街 11号

弗里德里希斯海因，10245 柏林

(49) 30 200 535 26

www.trashschick.de

海因区的这家店有很多设计师精品，其朋客态度使人回忆起80年的东欧集团。

特殊折扣及特价区

设计师专卖柏林店（特殊折扣及特价区）

奥特·斯班陶大街以西 1号

14641 伍斯特马克·艾斯塔

(49) 33 234 90 40

www.designer—outlet—berlin.de

乘着免费的公交车穿梭在艾斯塔火车站和设计师专卖柏林店之间，不经意间你就会在80家店里发现100多种世界品牌和独家设计师精品。你可以选择：从CK牛仔、马克·欧保罗、汤米·希尔费格到Miss Sixty、斯坦利希、圣·埃米尔直销店，它们从周一至周六都营业，有一些店在假期里甚至周天都营业。

跳蚤市场

在德国，跳蚤市场既是字面上的跳蚤市场，也是垃圾市场。柏林最经典最知名的露天市场有较少的二手货，较多的是古董家具、珠宝和时装。有一些特殊摊位藏有巴宝莉和圣大保罗，还有一部分名牌精品。由于它们是在跳蚤市场上，很容易被忽视，所以光顾时需要耐心。

跳蚤市场安卡诺普莱滋店（复古装和设计师转售）

安卡诺普莱滋

10435 柏林

www.troedelmarkt-arkonaplatz.de

营业时间：周日 上午10:00-下午5:00；冬季至下午4:00.

坐落于柏林的时尚米特区，这个跳蚤市场因有时尚和替代物品而非常受欢迎。在这里你可以找到20世纪60年代到70年代的稀奇的时装精品。可以一大早去找廉价品，因为这个市场的老主顾都不是早起的那种人。

跳蚤市场壁公园店

贝尔瑙尔大街 63-64号

www.mauerparkmarkt.de

营业时间：周日 上午8:00-下午6:00

作为柏林跳蚤市场上的新成员，这家店在普伦茨劳堡紧邻墙壁公园而建，有一种当地人的感觉。

哈伦春戴尔马克特·特雷普托 （室内跳蚤市场）

艾施恩大街 4号

12435 柏林

www.arena-berlin.de

营业时间：周六和周日 上午10:00-下午5:00

坐落于广阔的前巴士厂里，离临近克罗伊茨贝格的前柏林墙不远，在这里你可以找到任何东西。因为这里有太多的廉价商品，所以需要花时间去找。

格森布鲁能站跳蚤市场

巴德街

13357 柏林

(49) 30 383 070 44

营业时间：周日上午7:00-下午4:00

这个跳蚤市场是柏林跳蚤市场的一个新成员。大部分的二手货物中偶尔能够找到一件廉价品。

柏林跳蚤市场

伦 敦

伦敦这个名字唤起了人们心中那复古装的印象。由于拥有一个富有皇室的历史，伦敦的设计师转售店或服装代销店，拥有对时尚痴迷的所有东西。一些东西会随时间变得更好。慈善店也有可能藏有一些意想不到的惊喜，附近有很多批发商店和跳蚤市场，可以为顾客提供寻宝之旅。

复古装和设计师转售

化妆师店（复古装和设计师转售）

波切斯特 10号

威斯敏斯特区， 伦敦 W2 2BS

www.dresseronline.co.uk

theresser@mac.com

@TheDresser1

(44) 020 7724 7212

这个已经建成的化妆师店早在1986年就在康诺特村立足了。造型师莎莉·奥姆斯比帮助这家店结交了伦敦的时尚编辑和风格造型师。最终，有了一个从山本耀司到伊夫·圣·洛朗的当代时装和复古精品装的耀眼混搭。从80年代起，这家店的特点就是时尚。

设计师直销 英国店（DSUK）（设计师转售）

切尔西老市政厅，国王路，肯辛顿和切尔西

伦敦 SW3 5EE

(44) 01273 858 464

www.designersales.co.uk

DSUK，建于1989年，在英国和伦敦建立了样品销售店。付上1英镑（合1.50美元/1.20欧元）的入场费，到了销售预览时间（中午12:00—下午1:00）时，你会看到薇薇恩·韦斯特伍德、约翰·加利亚诺、马丁·马吉拉、吉尔·桑达、爱兰歌娜·希克斯、拉夫·劳伦、艾特罗等等更多品牌的东西。DSUK既卖一次性物品也卖收藏品。为了提供这种折扣品，有些甚至只是模型，从来都没有加工制造过，他们和时尚设计师一起工作。现在不管你在哪里，英国、世界上的任意地方或是网上，都可以很舒服地买到这种令你惊奇的商品。

顶楼店（设计师转售）

蒙默思郡大街 35号

伦敦，WC2H 9DD

　(44) 020 7240 3807

www.the-loft.co.uk

顶楼店是柯芬特一家独特的店面，收买并售卖男女式新的或二手的设计师时装和配饰。大品牌如古奇、普拉达、薇薇恩·韦斯特伍德、保罗·史密斯、香奈儿、米索尼、芬迪、马克·雅可布、杜嘉班纳、珂洛艾伊、路易·威登、亚历山大·麦昆、克莱门茨·里贝罗、吉米·丘的服装价格大幅度降低。有很多东西只是在时尚摄影和模特走秀中用了一次；有的只是样品，从来没穿过。由于每天都进新货，所以值得多次光顾。

奥克塔维亚基金会店（设计师转售）

布朗普顿路 211号

南肯辛顿区，伦敦，SW3 2EJ

　(44) 020 7581 7987

www.octaviafoundation.org.uk/shops

　　奥克塔维亚基金会是一个非盈利组织，致力于改善弱势群体的生活质量。20多年来，他们一直坚持把附近富有的资助者丢弃的东西填充到南肯辛顿店里。按照颜色和种类组织编排开来，在所有的商品中有一个设计师品牌专区，包括香奈儿、巴宝莉、侯塞因·卡拉扬、阿玛尼、古奇等等。爱马仕和其他奢华的皮革制品都被锁在了一个柜子里仅供观赏。楼下储藏着旧书。

潘朵拉店（设计师转售）

莱丝法区　16–22号

骑士桥，伦敦　SW71ES

www.pandoradressagency.com

　　位于骑士桥的中心位置，潘朵拉店里塞满了以原价的一小部分价格售卖的二手设计师品牌时装。在潘朵拉，你可以找到任何东西，从球衣到包包，从香奈儿套装到吉米·丘鞋子，从莫斯基诺夹克衫到华伦天奴酒会礼服。

潘朵拉店

芮立科店（复古装和设计师转售）

哥彭路 8号

北肯辛顿， 伦敦 W10 5NW

(44) 020 8962 0089

www.relliklondon.co.uk

chairestansfield@relliklondon.co.uk

　　芮立科店在特立科塔对面的北肯辛顿区。业主菲奥纳·斯图亚特、克莱儿·史坦菲、史蒂夫·菲利普12年前在波多贝罗市场起家。现在，芮立科的焦点每一年都不一样，重点不断地放在从60年代到90年代多样的设计师品牌上。最近的主流特点是日本的设计师品牌阿莱亚和卡莱格。这是这里最具造型力的商店，拥有足够大的空间。他们在一月的销售额肯定会开启新年的时尚潮流。

芮立科店

威廉复古装店（复古装）

马里波恩路 2号

帕丁顿，伦敦 W1G 5JQ

营业时间：预约而定

www.williamvintage.com

@WilliamVintage

威廉·班克斯·布兰妮在2010年开了威廉复古装店。这是一家坐落于时尚马里波恩路的不引人注意的小店。两层可穿的复古装包括从20世纪60年代的日班装到最好的红地毯装，也包括每样只有一件的名牌商品——巴尔曼、巴黎世家、让·德塞、格雷夫人等。他们有各种尺码的库勒耶和迪奥的时装。价格区间为200-4000英镑（合320-6500美元/250-4500欧元）。这家店只根据预约营业，只能通过邮件联系店主。

特殊折扣及特价区

比斯特山庄店（特殊折扣）

平乐县大街 50号

比斯特山庄，牛津郡 OX2 6WD

(44) 01869 323200

@bicestervillage

http://www.bicestervillage.com

比斯特山庄店位于牛津郡，距伦敦约有一小时的车程，是一家高档的批发集团，主营大品牌低价商品。第一次访问该店的顾客可以得到自己独特风格的专业咨询与指导服务。在这里你会看到很多大品牌——亚历山大·麦昆、阿玛尼、赛琳、杜嘉班纳、还有华伦天奴、薇薇恩·韦斯特伍德和伊夫·圣洛朗。仔细查看一下它的网站，确保充分利用了这家集团店所能提供的津贴、时尚礼宾风格。

布朗品牌锐减店（特殊折扣）

南莫尔顿街50号

伦敦 W1K5SB

(44) 020 7514 0052

Labelsforless@brownsfashion.com

布朗品牌锐减店，以永久打折价销售的设计师品牌批发商店，坐落在传说中的布朗街对面，是由琼和西德尼·波斯顿在1970年建立的标志性零售商。布朗店将亚历山大·麦昆、科米·戴斯盖坤、约翰·加里阿诺、侯塞因·卡拉扬等几个大品牌推到了零售世界中，同时把唐娜·卡兰和拉夫·劳伦带到了英国。这家店使得那些渴望得到新颖独特的时装的顾客把目标价格定在了3折以下。

哈罗兹店（专卖店）

布朗普顿路87—135号

骑士桥，伦敦，SW1X 7XL

(44) 020 7730 1234

@harrodsofLondon

www.harrods.com

这家国际知名的店面，百万英尺的店里填满了金钱所能购买到的
最好的商品，每年有两次大抛售。因为令人梦寐以求的服装和设计时
装最高可打25折，所以你更新购买单的时刻到了！网店会有季度性的
降价哦！

哈维·尼克斯店（专卖店）

骑士桥 109—125号

骑士桥，伦敦 SW1X7RJ

(44) 020 7235 5000

contactknightbridge@harveynichols.com

@Harvey_Nichols

哈维·尼克斯这个名字从1880年开始就
成了奢华品牌的代名词，一直在最时尚的伦
敦购物区维持着古典和前沿设计师的声望。
该店的年销售额是非常可观的，米索尼、薇
薇恩·韦斯特伍德、朗万和亚历山大·麦昆
等大品牌最高打3折。

米　兰

一提到米兰，人们就会想到模特走秀的场景，脑海中还会浮现出众多时装设计师如阿玛尼、杜嘉班纳、古奇、米索尼、普拉达、华伦天奴和范思哲等等。对于时尚追求者来说，米兰就是以低价购买设计师奢华时装的捷径。那里有一家知名的蒙特拿破仑大街就是米兰竞技大街。

这些批发店分类存放了上一季度的精品，包括厂方次品和退品。并不是所有的批发商店都是一样的：有一些批发商店很小很拥挤，而有一些则有好几层楼那么宽敞。不专营一个品牌的批发商店通常会有很多品牌的设计时装；他们不会提前告诉你他们有哪一个特定的设计师的时装。尽管米兰的批发商店很知名，但是常规定价的设计时装店是不会自行提价的。有几个批发商店坐落在市中心以外的地方。阿玛尼的厂家直销店位于市中心以外半小时车程的地方，普拉达的批发店则位于市中心以外4小时车程的地方。

全球品牌和大型批发商店的网址内容都是好几种语言的。一定要作好在一些批发店用现金支付的准备。在每年2月份和9月份举行的两次时装周期间，最好要避开米兰。如果你是从欧盟以外的国家来的，记得要跟任何一家带有全球退款、无税退款和税收高端购物标志的精品店要一张无税退款凭证。很多商店在八月份的有些日子里就会关闭，所以每年的日期都是不可预知的，而且都有变动。所有商店在八月十五日那一天都会关门，所以一定要提前作好计划。对于那些没有网址和邮件地址的店，建议直接打电话咨询相关细节。

> 非专营品牌批发商店通常凝集诸多品牌的设计时装。

复古装和设计师转售

胡玛纳复古装店（复古装）

瓦卡坡拉里 3号

米兰

(39) 02 7208 0606

www.humanaitalia.org

info@humanaitalia.org

胡玛纳复古装店是由胡玛纳人到意大利人传承经营的一家非盈利组织店，致力于支持第三世界国家的发展项目。胡玛纳在欧洲的其他城市也有分店。这家店的时装主要集中于20世纪60年代、70年代和80年代，也包括一些从意大利顶级设计师阿玛尼、杜嘉班纳、米索尼和华伦天奴那里得到的二手精品，所以这是一家值得定期光顾的店哦！

胡玛纳店

拉阿玛迪奥·劳拉店

瓦格纳25号，米兰

(39) 02 8360606

www.armadiodilalaura.it/armadiodilaura

armadiodilaura@gmail.com

这家魅力店的宣传语是"珍品来来往往"，完整地形容了劳拉那丰富多彩的衣橱。店址紧靠着塘鹅，在一个远离街道的庭院里，这是一家米兰较好的复古装店。由劳拉·甄迪乐在30年前建立，一直被阿德里亚

娜·福廷对时尚的热情维持着，现在这家店由爱丽斯经营着。这里有充实你衣橱的必选精品和很多时尚元素物件。

特殊折扣和特价区

阿玛尼厂家直销店（特殊折扣）

意大利省级路 13号

沃特马特

 (39) 03 1887373

这是欧洲最大的一家阿玛尼批发商店，坐落于米兰以北半小时车程的位置。这家店是所有阿玛尼品牌的金矿，其中有乔治·阿玛尼、阿玛尼黑标、阿玛尼牛仔系列、阿玛尼学生装和阿玛尼科研中心。

地下城（特殊折扣）

瓦盛娜朵 15号

市中心

(39) 02 76317913

这家小店以位置取名，在一个陡峭的楼梯下面，从街道上不容易被注意到。这家店只有40—42码（相当于美国的6—8码/英国的8—10码）的时装。罗伯特·卡沃利、莫斯基诺、普拉达、杜嘉·班纳还有很多当代有潜能的设计师品牌的最高折扣可达50%—60%甚至更多。

迪马格兹批发商店（特殊折扣）

蒙特拿破仑大街 26号

毕格丽 4号

佛洛尔 13号

(39) 02 76006027

www.dmagazine.it

除了极好的店址之外，迪马格兹的最高折扣可达80%。在这家小而有点混杂的店里你可以找到普拉达、缪缪、杜嘉班纳、古奇等众多设计师品牌时装。迪马格兹在米兰还有两家批发商店。你会发现去年的新品通常价位是在它们常规批发价的一半左右。

杜嘉班纳批发商店（特殊折扣）

罗西尼 72号

莱尼亚诺

(39) 03 31545888

杜嘉班纳批发商店有一点神秘色彩。定位在距离米兰20千米（合12.5英里）的地方，这家店非常低调：只有一个小小的72作为标志。这家批发商店物品齐全，收藏有女装、男装、儿童装和配饰，折扣是50%–60%。

菲登扎购物村批发商店（特殊折扣）

米歇尔·坎帕尼亚大区

克里斯塔·费尔南达聚居地

43036菲登扎（帕尔马）

(39) 05 2433551

www.fidenzavillage.com

菲登扎购物村批发商店距离米兰有一小时车程。100家店折扣最多可达3折，比较热门的品牌有阿玛尼、毕盖帕克、杜嘉班纳、爱斯卡达、玛尼、迈克·柯尔、米索尼、华伦天奴和范思哲。宝娜和沃尔福特在这里也有一席之地。这家批发商店有一辆购物班车每天早上10:00从卡斯泰洛广场发车，下午5:15返回。如果从他们的网站上提前预约的话，票价减

半。他们还提供往返于菲登扎火车站的免费班车服务，早上9:00起每40
分钟一班。在网上可以查看到班车时刻表。

普拉达（也叫空间）店（特殊折扣）

勒瓦娜拉·比丐皮

69号专卖店，蒙提瓦基52025

(39) 05 59789481

www.prada.com/en/store-locator

空间店在离米兰大约有400千米（合250英里）的蒙提瓦基，坐落于
普拉达制造工厂间，他们所生产的所有东西都可以以三到七折买到。店
的收藏品包括男女式成衣、鞋子、香水、包包和配饰。那儿甚至还有个
咖啡馆。空间店给每位光临的顾客一个ID账号。这是一流的体验，他们在
每个时间段都只允许至多100名顾客在店里。这家批发店到晚上8:00才关
门，但是在晚上7:30就不让顾客进店了。

科莫大道10号批发商店（特殊折扣）

塔佐利 3号

(39) 02 29015130

shop@10corsocomo.com

www.10corsocomo.com

科莫大道10号店是《时尚意大利》的编辑卡拉·索珊尼的伟大创造。

从概念旗舰店五分钟就能走到这里，主要收藏有各大品牌的男女式时装、配饰和鞋子，这些品牌有阿莱亚、安·迪穆拉米斯特、巴黎世家、瑟琳、川久保玲、海尔姆特·朗、缪缪、莫罗·伯拉尼克、普拉达、斯特拉·麦卡特尼和圣洛朗。索珊尼青睐黑色，想看到更多的黑色款。为了每周更新一下店里的款式，设计师要在店里推销一些时装。平均折扣在50%左右，比前一季度的设计时装节省60%-70%。如果你买很多，不要不好意思通过注册跟店家要更多折扣，通常他们会同意的。

科莫大道10号店

菲登扎村庄

巴 黎

正如人们所期望的那样，不管是旧时尚，还是新时尚，不管是奢华的还是非奢华的，巴黎都是时尚这所大学的中心。上一时代设计师转售店的曝光提供了无限的购物可能性，增加了变时髦的机遇。根据地域划分你的购物旅程，高效管理自己的时间。在购物的同时很可能会遇到文化活动，这将会使你的经历更加丰富多彩。

下面列出的是提供设计师转售商品的古装店、设计师转售店、旧货店（二手店）和一些重要的百货店。在法国的百货商店购物是一件受严密控制的事情，一年有两个销售季——冬季和夏季。它们的开始日期是一条行政法令，而且每一个季度只能持续6周。冬季销售开始于1月底，夏季销售开始于6月底。巴黎最大的两家百货商店是建于1865年的巴黎春天百货店和建于1893年的老佛爷百货店。设计师仓库，又名寄销店，提供较大折扣的设计服装和时装。

复古装和设计师转售

替代选择店（设计师转售）

国王街西西里 18号，巴黎 75004

第4郡

(33) 01 42 78 31 50

由于大部分的库存都来自于时装模特，所以罕有的松田、山本耀司、米歇尔·克莱恩都和男士的套装、女士的分体泳衣以及夹克衫混搭在了一起。

创始人的梦想基调店（复古装）

然而街 47号，巴黎 75018

第18郡

(33) 01 46 06 80 86

www.zelia.net

zelia@zelia.net

设计师和店主齐利亚制造了店里的所有东西。她专营复古面料的连衣裙、解构礼服和紧身衣等等。很多时装都可以被当作结婚礼服或特殊功能场合的礼服。30年里，齐利亚在工作中表达了自己的生活乐趣。

德·帕西销售店（设计师转售）

拉图尔路 14号，巴黎 75016

第16郡

(33) 01 45 20 95 21

www.depot-vente-de-passy.com

这家店专营香奈儿、迪奥、爱马仕、普拉达、古琦等众多知名品牌，价格通常在原价的基础上折扣70%。德·帕西销售店是一家巴黎店，确实值得光顾。

迪迪耶·吕多店（复古装和设计师转售）

蒙庞西耶大街 24号，　巴黎 75016

第16郡

　(33) 01 42 96 06 56

www.didierludot.fr

Didier.ludot@wanado.fr

由迪迪耶·吕多经营的这家复古装寄售店，储藏着精品成衣、时装和每款只有一件的品牌装。1996年在巴黎的私家品牌装收藏展览酿造了他的名著《小黑礼服》，成为2001年出版社的复古珍藏。这家店的招牌品牌有法国的设计师朗万、香奈儿、巴黎世家、纪梵希、巴尔曼、圣洛朗和爱马仕。高价格反映出商品的高质量，但是这家店确实值得光顾，可以见识一下博物馆陈列物般高质量的时装。

加维兰店（复古装和设计师转售）

勃拉姆斯大街 14号，巴黎 75003

第3郡

　(33) 01 48 87 73 13

gavilane.creation@wanadoo.fr

www.gavilane.com

加维兰店是位于玛莱区中心的一家精品店。由歌手兼设计师亚丁经营，本店甚有哥德人的感觉，如今这种感觉更为浓烈。亚丁说话非常温柔且富有磁性，他认为女人应该买一些漂亮的东西。传统服装搭配维多利亚的蕾丝和墨色卷边是极为完美的装扮，精美的配饰也是令人醒目的宝贝。一定不要错过这家店哦！

哈伯利亚店（设计师转售）

德布瓦图街 44号，巴黎 75003

第3郡

(33) 01 48 87 77 12

哈伯利亚店坐落于时尚中心地带玛莱区，这里是一片商业宝地。女士可以选择很多设计师品牌包括长筒软靴、三宅一生、让·保罗·高缇耶。极低杀价的男式套装品牌有罗伯托·科利纳和保罗·乔。新设计师时装都是从上一两个季度的、带有明确标签信息的成衣收藏中选来的。

巴黎廉价名牌——加文店（设计师转售）

加文街 15号，巴黎 75006

第6郡

(33) 01 46 33 03 67

巴黎廉价名牌店（设计师转售）

巴黎圣母院大街63号

巴黎廉价名牌店

巴黎，75001

第1郡

巴黎廉价名牌店有两家专营男女式设计时装的精品店。在加文街上的那家店比较具有青春气息，在巴黎圣母院街上的那家店则比较古典。在这里你可以看到伊夫·圣·洛朗成衣、爱葛妮丝B及爱马仕时装，偶尔还可以发现一两款高级女式时装。

五脚绵羊品牌店（设计师转售）

圣普莱西德大街 8号，75006 巴黎

第6郡

(33) 01 42 84 25 11

http://www.moutona5pattes.com

五脚绵羊品牌店储藏着轻微磨损或从未磨损的设计师时装样品，包括让·保罗·高缇耶、莫斯基诺、阿尔伯特·菲尔蒂等等。光临此店绝不会浪费你的时间。

欧蒂塔店（设计师转售和复古装）

杜尔纳尔大街76号，巴黎 75003

(33) 01 48 87 08 61

www.odettavintage.com

odetta76@gmail.com

紧邻孚日广场，欧蒂塔店是少有的几家经营复古装的寄售店之一，仅在周日营业。你可以选择很多轻微磨损的设计品牌、鲁布托细高跟鞋和最新的伊莎贝尔·玛兰作品等等。

普里西拉店（设计师转售和复古装）

木桐酒庄大街4号，巴黎 75002

第2郡

(33) 01 45 39 30 03

店主普里西拉收藏有签名商标的衣服如圣洛朗、高田贤三、马克思·

马拉、克里斯汀·迪奥和索尼娅等等。非常建议你花时间去淘一下宝。

互相店（设计师转售）

和平路 88、89、92、95和101号，巴黎 75016

第16郡

(33) 01 47 04 30 28

http://reciproque.fr

妮可·莫雷尔于1978年创建了最大的知名设计师转售仓库——互相店，此店共有四家分店，可以分为7个专营各种服装、上衣、鞋子、靴子、配饰和男士衣服的小店。注意在楼下的女式小店看香奈儿的同时，

纽约购物者南希·格林格拉斯在巴黎逛互相店

不要错过了爱马仕、普拉达、蒂埃里·穆勒、三宅一生、迪奥、约翰·加利阿诺、古奇和杜嘉班纳等品牌哦。

三月奥克斯紫色圣旺店（复古装）

科里尼安古尔门

圣旺，巴黎 93400

 (33) 6 03 44 95 19

www.marchesauxpuces.fr

营业时间：周六至周一（全年开放）

跳蚤市场往往表明很多物品的质量不是很好，在那里只能找到一点复古家用器具。事实上，像克里斯汀·迪奥这种大品牌不太可能被扔在地摊上。个体店或小店通常藏有较好的发现。那些较大的店有一部分是嘉年华会，一部分是集市，但是在2000多个地摊中用50欧元在一个地方买到香奈儿原装版几乎是不大可能的。推荐你过一个捡垃圾的假日，但是必须要付出很多的耐心来寻找被埋藏起来的宝贝。

小贴士

带上现金早点出发，作好其他蒙马特区时装店的购物计划。最好选择周日出行，除了特殊节日之外，巴黎跳蚤市场全天开放。

东　京

　　东京是一个充满神秘色彩、特色对比鲜明的城市，地铁系统就像地下蜂窝一样复杂繁多。具体地址需要从大往小写，按照这样的顺序：国家、城市、街坊、号（指的是街区或部门），然后是楼名，最后是几单元几室。然而，这个令人振奋的大都市也有一些顶级复古装和设计师收藏店。有很重要的一点需要注意：日本以外的海外各国的复古装或设计师转售的东西通常对于日本人的身材来说号码太大了，所以到处都有"修衣店"。虽然美国和欧洲人的身材都比较强壮，但是这里卖的衣服都倾向于小号。

　　中目黑、原宿、田丸山、下北泽和惠比寿都是日本复古装店的流行之地。要时刻牢记这里寄售店的推销风格大多是融古入今，尤其是会把军事装束、胶底运动鞋、披风和传统服装混搭起来。你也许会突然来了灵感想到如何更新形象。由于东京复古装购买商定期从欧洲和美国采购，所以有一个很好的制造商自己作时尚教育。不论是转售、回收、二手、还是作复古装，都非常辛苦。一定要到店家网址或博客上搜寻更新的信息、商店指南和快速运输路线。

Alcatrock复古礼服店（复古装）

惠比寿楼1层

1-32-14惠比寿-尔志郡，涩谷区1层

(81) 03 642- 0909

www.alcatrock.com

www.alcatrock.blogspot.com

在这家店可以购买或租到礼服、上装、帽子、外套和鞋子。店里就像在网站中似的组织良好，分类明确。

美国碎布店（复古装）

青山美奈美港区5-8-3

(81) 03 5766 8739

http://www.americanragcie.jp

由马克·沃特斯建立的美国碎布店，最初在加利福尼亚州开始营业，现在在东京已经开设了很多家分店。

梦想家创立者是第一批购买潜能设计师时装和古典品牌时装的收藏家，店里编排良好，时装有罕有的25年前的。现在，美国和日本的分店仍然是时尚引导者。

Alcatrock复古礼服店

美国碎布店

古物陈列店（复古装和设计师转售）

东京急行公寓 1层20—23 代官山 涩谷区

东京 日本 150—0034

(81) 03 3461 5295

www.antiqulosium.com

www.blog.antiqulosium.com

业主和复古装买主菊池羽田有很多高质量复古商品，包括候司顿、古奇、黛安·冯芙丝汀宝、璞琪，还有很多很多。在店面深处漂亮地陈列着从20世纪至21世纪的太阳镜、帽子、胸针、夹克衫、礼服等等。就像她的博客———本真正的时尚杂志，灵感信息板和羽田创意之源—

样，很明显，店主确实珍爱复古装，喜欢时尚，热爱生活。她自己的复古灵感标签"21世纪旗舰店"也非常值得研究。

芝加哥神宫前店（复古装）

6-31-21神宫前涩谷区

(81) 03 3409 5017

www.chicago.co.jp

这家二手时装零售店创建于1996年，在日本有5家分店，4家位于东京地区。这些店里有男女式、儿童的日本、美国和欧洲的名牌二手时装，也包括鞋子、帽子、包包，还有很多其他东西，里面布满了廉价的收集物。美国办公室设在密苏里州的圣路易斯，在日本有一个茨城仓库，存货周转率是恒定的。对这里的定期光顾可以充实你的衣橱。

安乐店（复古装和设计师转售）

东京大厦 2层 1-13-4，津南区，涩谷区

东京，日本

(81) 03 3770 3906

http://hypnotique.exblog.jp

Hypnotique.tokyo@gmail.com

安乐店靠近东京最忙的火车站，位于时尚涩谷的中心地带。店下面的一个标志写着"女式古典服装"。隐藏在一段楼梯的顶端，这个小

店里塞满了华美的精品物件。在那里可以看到各种各样的复古风格的时装，包括很多欧洲的设计时装，像瑟琳、菲拉格慕、伊夫·圣洛朗、璞琪和古奇等等。

胡里奥店（复古装）

2-2-2 地下层，本町，吉祥寺，武藏野镇，180-0004

 (81) 04 2223 1337

www.tippirag.com/shopsyo_julio_kichi#

古物陈列店（左）
安乐店（右上）
胡里奥店（右下）

这家二手时装店坐落在地下室，所以你要去的话可以寻找"中道—购物街"标志。那里有丰富的男女式复古时装和帽子、包包、配饰等。这种寻宝的结果将会是小物件多于经典大物件。

传递接力棒店（复古装和设计师转售）

表参道之丘以西 地下第二层 4-12-10

神宫前 涩谷区

东京， 日本

 (81) 03 6447 0707

http://www.pass-the-baton.com

omotesando@pass-thew-baton.com

传递接力棒店在东京共有两家分店，每一家都有着独一无二的个性。两家店都是复古美国媚俗装和需求设计时装的跨界混搭。表参道之丘的那家店偏向经营演出服，它的展区里摆放着川久保玲、莲娜丽姿、玛尼和很多大品牌。他们的网店很值得一看，由于存货每天都在快速更新，因此可以有机会选择这些品牌更好的时装。人们通俗地称表参道为东京的冠军——香榭丽舍大街。

PI 可乐达二手和复古装店（复古装）

1-5-10，卡密莫盖洛，目黑区，东京

www.pinatokyo.com

pinacolada@inatokyo.com

浏览他们的网页也很有意思，你可以窥探到薇薇恩·韦斯特伍德的鞋子、卡尔·拉格菲尔德的短裙、来自墨西哥的50年代漂亮的手绘短裙、80年代贝齐·约翰逊时装、玛尼长靴或者珂洛艾伊时装。参观这家店你会发现很多配饰和珠宝。商品的范围大体上是从40年代至今的。

抹布店（复古装和设计师转售）

3-3-15银座，中央区，东京

(81) 03 3535 4100

传递接力棒店（左上）
PI可乐达店（左下）
抹布店（右）

http://www.ragtag.jp

http://www.ragtag.jp/english/index.html

@RAGTAGonline.

1-17-7 津南，涩谷区，东京

(81) 03 3476 6848

抹布店卖复古装已有25年的历史。在店里，你会发现路易威登、爱马仕、薇薇恩·韦斯特伍德、亚历山大·麦昆、马丁·马吉拉、朗万、德赖斯·范诺顿、亚历山大·王、川久保玲、山本耀司、莫罗·伯拉尼克等名牌皮革制品及服装。男士的时装同样让人印象深刻。抹布店在东京有五家分店。其中最大的两家店分别设于东京银座，共7层楼；以及涩谷区，共4层楼。银座店里100名员工中有很多都是掌握多种语言的。抹布店有一个会员活动叫作"R卡"，意思是说只要消费达到10万日元（合1195美元/760英镑/915欧元），就可以享有1500日元（合18美元/11.4英镑/14欧元）的折扣。

尖叫咪咪店

18-4仇代官山，古涩谷

(81) 03 780 4415

这家高质量复古装店起始于70年代的纽约。为了折中存货，店主劳拉·威尔士的东京分店将大品牌装璞琪和伊夫·圣洛朗与一些稀奇的古物混搭在了一起。在这里你可以发现充实自己衣橱的香料，同时一些衣服的漂亮搭配可以填补你的古典时装收藏。

特殊折扣和特价区

溢价批发商店（特殊折扣）

东京市外有三家储藏顶级时装品牌的批发商店。浏览各自的网站可以确保节省费用，其中网上代金券和详细的促销日程可以使你进一步节省开支。

御殿场名品折扣店（特殊折扣）

1312，阿波

石御殿场，静冈，日本

(81) 0 412 0023

www.premiumoutlets.co.jp/en/gotemba

御殿场店专门提供大码服装。富士山给这家声称是"这个中心庞大不动产"的大品牌店提供了宏伟的背景。这家店的商品指南读起来就像是时装周的品牌队列一般：亚历山大·麦昆、阿玛尼、巴黎世家、巴尼斯纽约、宝格丽、蓝色情人、珂洛艾伊、辛西娅·洛蕾、迪奥、杜嘉班纳、艾斯卡达、爱特罗、古奇、吉尔·桑达、吉米·丘、保罗·史密斯、玛尼、萨瓦托·菲拉格慕、华伦天奴、薇薇恩·韦斯特伍德、三宅一生、莫斯基诺、梅森·马丁·马吉拉、伊夫·圣洛朗等等。如乘坐火车的话，从东京出发大约一小时就能到达此店。

佐野溢价批发商店（特价店）

2058，柯爱娜秥

石佐野，枥木，日本

(81) 0 327—0822

www.premiumoutlets.co.jp/en/sano

以天皇山为背景，佐野店建立在自然的环境中，更像一个美国的东海岸城镇。它拥有多家品牌，举几个简单的例子，活希源、休伦越野、辛西娅·洛蕾、艾特罗、艾斯卡达、古奇、凯特·丝蓓纽约、克里琪亚、朗万、马克·雅可布、迈克·柯尔、米歇尔·克莱恩、保罗·史密斯、普拉达、拉夫·劳伦、菲拉格慕、希尔瑞、塞乔·罗西、伊夫·圣洛朗、木质项链、布鲁·克斯兄弟、阿玛尼厂家直销、教练科尔汗。仅仅这一个名单就值得你从东京乘不到一个小时的火车来这里看一看。

阿见溢价批发商店

2700 吉原

马基阿见市，日本

(81) 0 300 1155

www.premiumoutlets.co.jp/en/ami

在村田地区开设的第三家溢价批发商店——阿见店，更多地储藏着经典衣橱建造者包括科恩哈尔、布鲁·克斯兄弟、拉夫·劳伦等品牌时装，还有很多牛仔和运动品牌服装。从东京出发乘车大约花费一个小时

御殿场市

的时间就能到达这家店。

互联网内：用手指购物

　　一提到网上私人销售点、购物俱乐部、设计时装和奢华品牌样品销售和其他激励会员的限时抢购、限时打折时，网络就成了飙风战警。所有列出的店都会利用Facebook或微博等社会媒体来通知会员。及时看一下他们的博客、活动项目和VIP特权。不管是一个设计师包包还是上一季度必备品，所有的能支付起的精品时装都在你的弹指间。

雷亚尔店

www.therealreal.com

雷亚尔店是基于美国的二手配饰和时装店。售价在零售价基础上打一折。店里举行72小时促销和持续的清仓甩卖。高级会员给予免费，初级会员每月5美元/3法郎/3.5欧元。欢迎寄售！

网上搬运工店

www.net-a-porter.com

网上搬运工店是一家网上时尚零售店，拥有最受女性青睐的各类时尚杂志。他们的末季清仓凭票打折。报名免费注册一个账户可以收到他们的时尚杂志。本店的服务范围覆盖了170多个国家，客服语言包括英语、法语、西班牙语、意大利语、荷兰语和阿拉伯语。

网外店

www.outnet.com

颇特莱斯是为网上搬运工店网上销售。他们为设计时装、鞋子、配饰和礼品限时打折促销。

奢品店

heet://en.vente-privee.com

欧洲女店主在线销售已有20多年的历史，奢品店是唯一一个定点限时销售的网店，它覆盖八个国家：英、法国、比利时、西班牙、德国、澳大利亚、意大利和荷兰。每次快闪促销都是集中于一个品牌，设计时装可以最高折扣掉70%。英国和荷兰推荐好友可以为下一次购物获得信用凭证。这里有包括社区论坛在内的丰富的销售信息。

远取店

www.farfetch.com

远取店是一种网络集市，尤其是因为它包括来自于世界各地独立时尚小店的设计者的东西。他们这种销售非常好，折扣可以达到三到七折。在这里你可以发现一些像亚力山大·麦昆、安·迪穆拉米斯特、华伦天奴、约翰·加利亚诺和巴黎世家等的奢侈品牌。你可以从多个精品屋选购然后到一个收银台结账，这家店可以寄售全球。客服语言包括英语、法语、意大利语、西班牙语、葡萄牙语。

迪卜斯1号

www.1stdibs.com

迪卜斯1号店是一家高级奢华店，以其拥有1000个装饰艺术和时尚交易商作为战略合伙人而知名。在这家店你可以搜到很多设计师设计的高级女士时装、复古装、蜉蝣和胶囊似的收藏品。我们上次所看到的都是每款一件的格雷夫人时装、詹弗兰科·费雷时装、马瑞阿诺·佛坦尼时装和罗密欧·纪礼时装。通过让价格由低到高缩减时装选择范围，然后你可能会看到一幅价值300美元的戚伯特·纪梵希设计的一件新颖的酒会礼服的草图。一旦找到了自己想要的东西，请直接和交易商联系商议价格。为了20%的购物者溢价，迪卜斯1号店大部分的商品都会接受你的还价的。

可可萨店

www.cocosa.com

可可萨店对在英国的居民在限时抢购中提供很多大减价的设计品牌时装。店家保证每件商品都是全新的真货。可以注册接收每日和每周温馨提示。

英国设计时装促销店

http://designersales.co.uk

英国设计时装促销店是一家提供最新促销信息的转售店。订阅他们的实时通讯可以预先接收到在伦敦和布莱顿三条大街上举行的设计师和零售商样品大促销最新信息。网店提供在零售价基础上一折的价格。他们的DSUK　VIP邀请项目保证你可以在队列之前进店。样品促销通常以一些大品牌为主要特色，如吉尔·桑达、阿玛尼、维特与罗夫、巴黎世家、薇薇恩·韦斯特伍德和普拉达等。伦敦的精品店拉利达专营男女式复古配饰，你也可以定期参加DSUK。

样品促销伦敦店

www.samplesales.co.uk

样品促销伦敦店是一家网上定期促销从零售商和设计师等人手中收藏的样品的店面。每周时讯会让读者与将要举行的样品促销保持同步。

爱时尚促销店

www.lovefashionsales.com

爱时尚促销店是一个把购物者与销售上一季度收藏的400个英国商业街零售商、设计师和电子商务网站连接起来的一个搜索引擎。爱时尚促销店很独特的一个特点就是它每次都会给你发送一个促销提示，说明哪一个品牌、产品种类和你所选定的尺码的时装要搞促销。

VIP 购买店

www.buyvip.com

免费会员可以享受限时促销活动中知名设计师品牌时装三折的大折扣。他们所谓的促销活动，可以覆盖到西班牙、意大利、德国、澳大利亚、葡萄牙、波兰和荷兰等国家的购物者。

魔力促销

日本

www.glamour-sales.com

中国

www.glamour-sales.com.cn

弹指间，经济型服装呈现于眼前。

图片版权摘录注释

所有图片均出自相应的版权所有者。如有错误或省略之处，望通知我们，我们会在以后的版本中——改正。

所有的绘画作品均由杰米·阿姆斯特朗提供，数码图片由韦恩·阿姆斯特朗提供；第13页，纽约艺术资源，出自大都会艺术博物馆的布鲁克林博物馆服装收藏；第15页，照片由海伦·萨姆森拍摄，出自2011年，大都会艺术博物馆的布鲁克林博物馆服装收藏；第17页纽约艺术资源，布鲁克林博物馆的礼物，艾琳·斯通的礼物；第19页，纽约艺术资源，出自大都会艺术博物馆，约翰·钱伯斯休斯的夹克衫及克里斯汀·迪奥的短裙；第24页，《吉尔达》中的剧照，出自于1973年重兴的哥伦比亚影片制作股份有限公司，所有权最终归哥伦比亚影片公司所有；第25页，萝莉·阿瓦斯；第27页，纽约艺术资源，出自大都会艺术博物馆的布鲁克林博物馆服装收藏，布鲁克林博物馆的礼物及克尔凯的礼物；第31、32页，安吉莉卡·斯约斯特洛姆的照片由《我们的个性风格》拍摄；第37页的私人收藏，由雷内·格鲁瓦和杰奎斯·菲斯提供；第

48页，琳达·艾偌兹和费尔南多·艾斯科瓦的照片，第56、57页韦恩·阿姆斯特朗的照片、第61页的图片均是出自威廉·特拉维拉——比尔·萨里斯房地产开发公司，希奥尔希奥·蒂马克斯，由艺术剧院提供；第73页，2011美顿芳有限公司；第75页费尔南多·艾斯科瓦；第80页，瓦特尼克和迈克尔·斯多拉的照片；第84、85页，复古图像；第94页，萝莉·阿瓦斯的照片；第99、103、108页，琳达·艾偌兹和费尔南多·艾斯科瓦的照片；第109页，出自盖蒂图片社有限公司；第110页，1974年《时尚杂志》中的广告（作者收藏）；第114页，琳达·艾偌兹和费尔南多·艾斯科瓦的照片；第115页，图片由杰菲·斯蒂姆提供；第135—138页，巴勃罗·索罗门；第147—149页，图片由玛帕斯夫人提供；第150—153页，图片由黛博拉·伍尔夫提供；第157页，由威廉复古公司提供；第162、165、167页，图片由费尔南多·艾斯科瓦提供。除上述图片之外，其他所有图片均是由本文作者拍摄制作而成。

鸣　谢

本书两位作者特别感谢永利·阿姆斯特朗和洛莉·伊瓦斯的慷慨奉献，以及所有维瓦斯出版社的工作人员，特别是利·雷普利和皮埃尔·特洛马诺夫和杰米·阿姆斯特朗。

还要致谢曾与我们一起合作、教授我们专业知识的朋友和同事，包括伊丽莎白·梅森、乔安妮&布莱恩·斯蒂尔曼、谢莉尔莱尔、妮娜谢菲尔德、丽莎伯曼、吉娜&萨沙卡萨瓦塞斯、佛瑞丝黛·莫把射日、丽莎梅卡琳、玛莎霍尔、布莱克和休西蒙斯。我真的很感谢他们，私下里需要特别感谢的是我的丈夫韦恩·阿姆斯特朗，他给予我太多太多无私的爱。

此外，还要感谢我所有的家人、朋友和同事，感谢他们慷慨的帮助以及对我大力的支持，包括克联·科罗娜、博贝特·司各特、乔伊斯·米歇尔、丽塔·沃特尼克、麦克·斯托亚、克里斯·布鲁克纳、多瑞斯·雷蒙德、玛格利特·谢尔、里克·艾氏塔尼、LAPD、丹尼尔·帕蒂、迈下川、伊丽莎白·梅森、日本国家旅游组织的艾文·米勒、国家代理旅游局的伊曼纽列伯尼、尼尔塞顿、米歇尔·罗斯坦、千奈美·伊奈使、分别来自东京时尚组和洛杉矶时尚组的大原君和琳达土克、路易斯·科菲韦伯、珍妮·布莱恩特、安德里亚贝特·霍尔德、亚历克·斯马斯、苏珊娜·福伦德、来自于东京电话的丽贝卡和塞缪尔、贝弗利和巴勃罗·索罗门、苏珊·格列森、黛博拉·伍尔夫、玛帕斯女士、费尔南多·艾斯科瓦和舍米·卡米。

图书在版编目（CIP）数据

爱女装：女装品鉴和购买指南 ／ （美）杰米·阿姆斯特朗著；
邵立荣译. —济南：山东画报出版社，2014.2
ISBN 978-7-5474-0839-1

Ⅰ.①爱… Ⅱ.①阿… ②邵… Ⅲ.①时装－选购－指南②时装－
收藏－指南 Ⅳ.①TS976.4-62

中国版本图书馆CIP数据核字（2013）第195608号

Chinese edition © Shandong Pictorial Publishing House，2014.
This title was originally published by Vivays Publishing Ltd，London.
English text © Jemi Armstrong and Linda Arroz´

山东省版权局著作权登记章图字：15-2012-360

责任编辑 阚　焱
装帧设计 王　钧
主管部门 山东出版传媒股份有限公司
出版发行 山东画报出版社
　　　　社　　址　济南市经九路胜利大街39号　邮编 250001
　　　　电　　话　总编室（0531）82098470
　　　　　　　　　市场部（0531）82098479　82098476(传真)
　　　　网　　址　http://www.hbcbs.com.cn
　　　　电子信箱　hbcb@sdpress.com.cn
印　　刷 山东临沂新华印刷物流集团
规　　格 150毫米×210毫米
　　　　　　7.625印张　151幅图　75千字
版　　次 2014年2月第1版
印　　次 2014年2月第1次印刷
定　　价 38.00元